FORSCHUNGSBERICHTE DES LANDES NORDRHEIN-WESTFALEN

Nr. 2766/Fachgruppe Maschinenbau/Verfahrenstechnik

Herausgegeben im Auftrage des Ministerpräsidenten Heinz Kühn
vom Minister für Wissenschaft und Forschung Johannes Rau

o. Prof. Dr.-Ing. Wilfried König
Dipl.-Ing. Armin Weiß
Lehrstuhl für Technologie der Fertigungsverfahren
der Rhein.-Westf. Techn. Hochschule Aachen

Ermittlung optimaler Bearbeitungstechnologien beim elektroerosiven Schneiden mit Draht

Springer Fachmedien Wiesbaden GmbH 1978

CIP-Kurztitelaufnahme der Deutschen Bibliothek

König, Wilfried:
Ermittlung optimaler Bearbeitungstechnologien beim elektroerosiven Schneiden mit Draht / Wilfried König ; Armin Weiss. - Opladen : Westdeutscher Verlag, 1978.
(Forschungsberichte des Landes Nordrhein-Westfalen ; Nr. 2766 : Fachgruppe Maschinenbau, Verfahrenstechnik)
ISBN 978-3-663-01851-3 ISBN 978-3-663-01850-6 (eBook)
DOI 10.1007/978-3-663-01850-6
NE: Weiss, Arnim:

Ursprünglich erschienin bei Wesrduetscher Verlag GmbH, Opladen 1978

ISBN 978-3-663-01851-3

INHALTSVERZEICHNIS

0. FORMELZEICHEN UND ABKÜRZUNGEN

A	mm^2	Elektrodeneingriffsfläche
a	μm	Tischdurchbiegung
a_o	mm	Abstand Werkstückoberkante zur oberen Drahtführung
a_u	mm	Abstand Werkstückunterkante zur unteren Drahtführung
b	μm	Bauchung
Δb	μm	relative Drahtauslenkung
Δb_g	μm	Drahtauslenkung aufgrund einer Streckenlast
C	F	Kapazität des Energiespeichers
c	mm	Abstand des Drahtmittelpunktes zur Werkstückwand
d	mm	Drahtdurchmesser
F	N	Drahtspannkraft
F_E	N	Kräfte aufgrund der Erosionsbedingungen
F_H	N	horizontale Drahtzugkraft
F_V	N	vertikale Drahtzugkraft
f	Hz	Frequenz
f_e	Hz	Entladefrequenz
f_{lg}	Hz	Frequenz der auf den Spalt durchschlagenden Ladestromimpulse
G	N	Werkstückgewicht
g	N/m	Streckenlast
h	mm	Werkstückhöhe
i	A	Strom
i_e	A	Entladestrom
$\hat{i}_e$	A	Entladespitzenstrom
i_l	A	Ladestrom
k	mm	Position des Y-Tisches
L_e	H	Entladekreisinduktivität
L_l	H	Ladekreisinduktivität
l	mm	Rachenweite
l_A	mm	Einspannlänge der Drahtelektrode
l_s	mm	Schnittlänge
m_g	g/m	Masse pro Längeneinheit "Gebrauchtdraht"

m_n	g/m	Masse pro Längeneinheit "Neudraht"
p	bar	Druck
P_e	W	mittlere Entladeleistung
R_a	μm	Mittenrauhwert
R_e		Entladekreiswiderstand
R_l		Ladekreiswiderstand
R_z	μm	gemittelte Rauhtiefe
r	mm	Radius der Drahtelektrode
s	mm	Spaltweite
s_F	mm	frontaler Arbeitsspalt
s_L	mm	lateraler Arbeitsspalt
s_m	mm	mittlere Schnittspur
s_{max}	mm	maximale Schnittspur
s_o	mm	obere Schnittspur
s_r	mm	Referenzschnittspur
s_u	mm	untere Schnittspur
Δs	mm	Spurweitenänderung
s	mm	Spurweite nach einer Ecke
T_t	s	Totzeit
t	s	Zeit
t_e	s	Entladedauer
t_{il}	s	Impulsdauer der Ladestromimpulse
t_o	s	Pausendauer
t_{ol}	s	Pausendauer zwischen den Ladestrom- impulsen
t_p	s	Periodendauer
t_{pl}	s	Periodendauer der Ladestromimpulse
U	V	Arbeitsspannung
U_{re}	V	Referenzspannung "Entladung"
U_{rl}	V	Referenzspannung "Laden"
u	V	Spannung
u_e	V	Entladespannung
$\bar{u}_e$	V	mittlere Entladespannung
$u_{e/l}$	V	Spannung proportional zum Entlade- bzw. Ladestrom
$\hat{u}_i$	V	Leerlaufspannung
u_l	V	Ladespannung
u_{ze}	V	Spannung der Zählimpulse "Entladung"
u_{zl}	V	Spannung der Zählimpulse "Laden"

V	mm^3	Volumen
V_{sp}	$mm^3/A\ min$	spezifisches Abtragvolumen
V_W	mm^2/min	Schnittrate
V_{We}	mm^3	Abtrag pro Entladung
v	mm/min	Vorschubgeschwindigkeit
v_D	mm/min	Drahtablaufgeschwindigkeit
W_e	J	Entladeenergie
W_K	J	Speicherenergie des Kondensators
z	μm	Zustellung
ϑ_D	%	prozentualer Drahtverschleiß
ε	^{o}	Eckenwinkel
ε_o	F/m	absolute Dielektrizitätskonstante
ε_r		relative Dielektrizitätskonstante
η_e	%	Verluste des Entladekreises
η_i		Stromausbeute
$\varkappa$	$\mu S/cm$	Leitfähigkeit
ϱ	g/cm^3	Dichte
τ_1		Tastverhältnis der Ladestromimpulse
$\tan \frac{\alpha}{2}$		Konizität der Schnittspur
ω_o	Hz	Eigenfrequenz gespannter Drähte

1. EINLEITUNG

Das funkenerosive Senken hat in der industriellen Fertigung einen festen Platz gewonnen. Bei der Durchbruchbearbeitung und beim Herstellen hoher zylindrischer Prismen wird das Senken jedoch seit mehr als 8 Jahren zunehmend durch das funkenerosive Schneiden mit ablaufender Drahtelektrode substituiert. Dabei weist das funkenerosive Schneiden gegenüber dem Senken einige wesentliche Vorteile auf. Der Elektrodenverschleiß - beim funkenerosiven Senken eine nicht zu vernachlässigende Fehlerquelle bei der exakten Herstellung geometrischer Formen - spielt beim funkenerosiven Schneiden eine untergeordnete Rolle, da der Arbeitszone von einer Vorratsspule kontinuierlich neuer Elektrodenwerkstoff zugeführt wird. Die dadurch entstehenden Werkzeugkosten bleiben trotzdem gering, da das Elektrodenmaterial, meist ein dünner Kupferdraht, wie er in der Elektroindustrie z.B. als Spulendraht vielfach eingesetzt wird, als Massenprodukt relativ preiswert ist. Ein weiterer Vorteil besteht darin, daß durch die beim funkenerosiven Schneiden eingesetzte numerische Bahnsteuerung praktisch beliebig komplizierte Konturen hergestellt werden können; lediglich den erzielbaren Eckenradien und Schlitzbreiten werden durch die vom gewählten Drahtdurchmesser und von der Werkstückhöhe abhängige Ausbildung der Schnittspuren Grenzen gesetzt. Die erzielbare geometrische Genauigkeit - in der Regel besser als 0,01 mm - ist in den meisten Anwendungsfällen hinreichend groß; die Wiederholgenauigkeit gleicher Teile ist sogar noch erheblich besser.

Als nachteilig erweisen sich beim funkenerosiven Schneiden die relativ langen Hauptzeiten; die daraus entstehenden Kosten kompensieren sich nur teilweise dadurch, daß Schneidanlagen völlig selbsttätig, d.h. über Stunden hinaus ohne Operateur ihr Programm abarbeiten.

Voraussetzungen für einen störungsfreien Arbeitsablauf sind jedoch genaue Kenntnisse über die weitgehend eigenständige Technologie des funkenerosiven Schneidens zumal dann, wenn bei maximaler Bearbeitungsgeschwindigkeit eine optimale Genauigkeit erzielt werden soll.

Die vorliegenden Untersuchungen befassen sich daher sowohl mit den durch unterschiedliche elektrische Parameter und durch verschiedene Werkzeug-Werkstück-Paarungen beeinflußten technologischen Kenngrößen als auch mit der geänderten metallographischen Struktur funkenerosiv geschnittener Oberflächen. Besondere Bedeutung wurde ferner den für das funkenerosive Schneiden charakteristischen Parametern sowie der erzielbaren Genauigkeit geschenkt.

2. WERKSTÜCK- UND WERKZEUGWERKSTOFFE

Zur Ermittlung der Verfahrenskennwerte wurden Versuchsreihen mit verschiedenen Werkstückwerkstoffen, Werkzeugwerkstoffen und Arbeitsmedien durchgeführt, da ähnlich wie beim funkenerosiven Senken /1/ Abhängigkeiten der Leistungskennwerte von den verwendeten Materialien zu erwarten sind.

Als Werkstücke wurden die in Tabelle 1 aufgeführten Werkstoffe eingesetzt. Die Werkstückhöhen betrugen zwischen 5 und 50 mm.

Werkstoffbezeichnung (Wärmebehandlungszustand)	Chemische Zusammensetzung in %	Hersteller
X 210 Cr 12 (weichgeglüht)	C:2,1; Si:0,25; Mn:0,3; Cr:11,5; Fe:Rest	DEW
56 NiCrMoV 7 (vergütet)	C:0,55; Si:0,25; Mn:0,70; Cr:1,1; Mo:0,5; Ni:1,7; V:0,1; Fe:Rest	DEW
X 50 NiCrWV 13 13	C:0,52; Si:1,3; Mn:0,7; P:0,03; S:0,03; Cr:13,5; Ni:13,0; W:1,3; V:1,2; Fe:Rest	DEW
Kupfer	Cu:99,99;	
Hartmetall G 20	WC:85; Co:12; TiC+TaC:3;	WIDIA
Hartmetall G 30	WC:82; Co:15; TiC+TaC:3;	

Tabelle 1: Übersicht über die verwendeten Werkstückwerkstoffe

Als Elektrodenmaterialien kamen Kupferdrähte von 0,25; 0,2; 0,15 und 0,1 mm Durchmesser sowie Drähte aus Messing (Ms 65) mit Durchmessern von 0,2 mm bzw. 0,1 mm zum Einsatz. Molybdändraht (geglüht und elektropoliert) und Stahldraht (X 12 CrNi 18 8) wurden dagegen jeweils nur mit 0,1 mm Durchmesser eingesetzt. Die physikalischen Eigenschaften der verwendeten Drahtwerkstoffe sind in Tabelle 2 zusammengestellt:

Werkstoff	Schmelz-temp. °C	Wärme-leit-zahl kJ/mh °C	spez. Wärme J/g °C	elektr. Leit-fähigk. m/ Ω mm^2	Zug-festigk. N/mm^2
Cu	1083	1410	0,385	60,0	200 - 370
Ms 65	910	332	0,390	15,5	440 - 530
Mo	2625	528	0,277	19,4	1050
X 12 CrNi 18 8	1400	59	0,503	1,3	900

Tabelle 2: Physikalische Eigenschaften der eingesetzten Drahtwerkstoffe /2,3,4/

3. ARBEITSMEDIEN

Beim funkenerosiven Schneiden mit ablaufender Drahtelektrode wird statt der beim Senken üblichen Kohlenwasserstoffverbindungen als Arbeitsmedium demineralisiertes Wasser verwendet. Vorteilhaft ist, zumal beim funkenerosiven Schneiden meist nicht im Bad gearbeitet, sondern mit zwei "freien" Strahlen gespült wird, daß Wasser nicht brennbar ist; nachteilig gegenüber einer Bearbeitung unter einem Kohlenwasserstoff-Dielektrikum ist, daß die meisten zu bearbeitenden Werkstücke gegen Korrosion geschützt werden müssen. Der Einfluß einer Kohlenwasserstoffverbindung auf das Leistungsverhalten beim funkenerosiven Schneiden ist anhand eines vom Senken bekannten Arbeitsmediums überprüft worden. Schon die unterschiedlichen physikalischen Eigenschaften des Wassers und des eingesetzten Dielektrikums K 30, die in Tabelle 3 aufgeführt sind, lassen hinsichtlich des Leistungsverhaltens differierende Resultate erwarten.

Eigenschaft	Dimension	Wasser	K 30
Flammpunkt	°C	-	35
Siedetemperatur	°C	100	145/200
Viskosität	c St bei 20°C	1,004	3,8
Wärmeleitzahl	kJ/mh °C bei 25°C	2,177	0,544
Dichte	g/cm³ bei 25°C	0,9997	0,78

Tabelle 3: Physikalische Eigenschaften von demineralisiertem Wasser und Dielektrikum Shell K 30 /4,5/

4. VERSUCHSANLAGE

Das funkenerosive Schneiden ist ein abtragendes Bearbeitungsverfahren, bei dem mit einem ablaufenden Draht als Elektrode die gewünschte Kontur des Werkstücks dadurch erzeugt wird, daß zwischen dem Werkzeug "Draht" und dem Werkstück eine Relativbewegung ausgeführt wird. Zur Steuerung der Relativbewegung zwischen Draht und Werkstück werden heute üblicherweise numerische Steuerungen eingesetzt. Dem Programm der numerischen Steuerung wird, ähnlich wie beim funkenerosiven Senken, zusätzlich ein Regelvorgang für den Arbeitsspalt zwischen dem nach Programm bewegten Werkstück und der ablaufenden Drahtelektrode überlagert.

Die Versuche wurden auf einer serienmäßigen Funkenerosions-Schneidanlage durchgeführt (Bild 1). Die Anlage besteht im wesentlichen aus:

Werkzeugmaschine
Steuerung
Generator

Die wichtigsten Baugruppen der Werkzeugmaschine sind das Maschinenbett, der Koordinatentisch, die Drahtantriebs- und Drahtführungseinheit, der Arbeitsbehälter und das Dielektrikumaggregat. Im Dielektrikumaggregat ist außer den von Senkanlagen bekannten Bauelementen wie Vorratsbehälter, Filter und Pumpe ein Deionisiergerät eingebaut, das das üblicherweise als Arbeitsmedium eingesetzte Wasser auf einen einstellbaren Leitwert aufbereitet. Im Deionisiergerät durchläuft das Wasser eine hochpolymere Kunstharzmasse, die die Anionen und Kationen bindet und somit das Wasser deionisiert.

Die Versuchsanlage hat eine 2-Achsen-Bahnsteuerung (X-, Y-Achse) mit Inneninterpolator; der Vorschub erfolgt über zwei separat steuerbare Schrittmotoren, die von einer NC-Steuerung ihre Impulse erhalten (Bild 2). Die vom Bedienungsmann an der Eingabeeinheit gewählten Einstellungen, die Informationen vom Leser, Zwischenspeicher, Rechner und Rücklaufspeicher, sowie die vom Generator übermittelten Werte der Spannungsmessung laufen im Steuerteil zusammen. Sie werden hier koordiniert, in neue Anweisungen umgearbeitet und bei Bedarf den entsprechenden Einheiten zugeführt. Der Lochstreifenleser tastet die Programminformationen des Lochstreifens blockweise ab. Sie gelangen in den Zwischenspeicher und bleiben dort, bis sie vom Rechner über den Steuerteil abgerufen werden. Der Rechner verarbeitet sie gemäß den eingebauten Steuerprogrammen und führt Interpolationen durch, wobei die Steuersignale der X- und Y-Schrittmotoren entstehen. Sie gelangen über die Weiche (Stellung 1) und die Leistungsverstärker zu den Schrittmotoren, die jedes empfangene Signal über Tischspindeln in einen Werkstückvorschubweg von 0,002 mm umwandeln. Gleichzeitig werden die letzten 511 Signale im Rücklaufspeicher zurückbehalten. Durch eine Regeleinrichtung wird die Vorschubgeschwindigkeit entsprechend den Verhältnissen im Funkenspalt geregelt. Der vom Generator übermittelte Wert der Spannungsmessung an der Entladestrecke wird ständig mit einem Sollwert verglichen. Bei normalem Arbeitsablauf liefert der Rechner die nötigen Vorschubsignale. Sinkt die mittlere Arbeitsspannung an der Entladestrecke ab, besteht die Gefahr, daß das Werkstück durch Kurzschluß beschädigt wird, bzw. daß die Drahtelektrode reißt. Die Regeleinrichtung befiehlt deshalb Rücklauf. Die Weiche schaltet um (Stellung 2) und die erodierte Bahn wird nach den im Rücklaufspeicher enthaltenen Schritten rückwärts abgefahren, bis die Spannung den Normalwert erreicht. Anschließend befiehlt die Regeleinrichtung Vorlauf, die rückwärts gemachten Schritte erfolgen vorwärts, bis die Stelle der Störungsbildung erreicht ist. Die Weiche schaltet um und der Rechner liefert die weiteren Vorschubsignale /6/.

Die Steuerung verarbeitet nur Daten, die nach dem Kettenmaßsystem aufgebaut sind; es lassen sich Strecken, Kreise, Kreisbögen, achsenparallele Ellipsen und Ellipsenbögen fahren; diese können beliebig aneinandergereiht werden.

Bei dem Generator der Versuchsanlage handelt es sich um einen Relaxationsgenerator mit transistorisierter Ladestromsteuerung. Die Leerlaufspannung $\hat{u}_i$ kann in vier Stufen von 210 V bis 370 V eingestellt werden. Die Entladefrequenz f_e - bei einem Relaxationsgenerator vom momentanen Zustand im Arbeitsspalt stark mitbestimmt - läßt sich in weiten Grenzen durch die Ladestromparameter beeinflussen. Einstellbar sind die maximale Stromstärke der Ladestromimpulse i_l sowie das Tastverhältnis der Ladestromimpulse τ_l. Bild 3 zeigt den charakteristischen Strom- und Spannungsverlauf eines derartigen impulsgeladenen Relaxationsgenerators.

5. VERFAHRENSKENNGRÖSSEN UND IHRE MESSUNG

Die für das funkenerosive Senken charakteristischen Kenngrößen sind in der vom VDI-Ausschuß "Elektroerosives Bearbeiten" erarbeiteten Richtlinie VDI 3402 zusammengefaßt /7/. Die Verfahrensvariante "Funkenerosives Schneiden mit ablaufender Drahtelektrode" weist jedoch durch die Verwendung eines speziellen Generatortyps, durch den Einsatz von Wasser als Arbeitsmedium sowie aufgrund der Kinematik des Vorschubes und der Elektrodenablaufbewegungen verfahrensspezifische Besonderheiten auf, die es notwendig machen, darüber hinaus einige elektrische und technologische Kenngrößen zu definieren.

5.1 Elektrische Kenngrößen

Da es sich bei dem verwendeten Generator um einen Relaxationsgenerator handelt, dienen einerseits die Entladestrecke selbst als "Schalter" zur Erzeugung der "ungesteuerten" Entladung, andererseits die Ladewiderstände auf Grund ihres Verhältnisses zu den Widerständen im Entladekreis. Im Ladekreis wird über die Ladewiderstände der Energiespeicher zunächst aufgeladen, wobei die Spannung am Energiespeicher gleich der Spannung an der Entladestrecke ist. Da die Entladestrecke im nicht gezündeten Zustand einen hohen Widerstand hat, fließt im Entladekreis kein nennenswerterStrom. Übersteigt die Spannung am Arbeitsspalt den Wert der Überschlagspannung des Arbeitsmediums, so wird zwischen den Elektroden eine Entladung gezündet, und der Energiespeicher (der Kondensator C) entlädt sich über Widerstände und Induktivitäten im Entladekreis einschließlich dem Widerstand der Entladestrecke /8/. Da sich die Schnittrate proportional zur Entladefrequenz f_e verhält, wird eine möglichst kurze Ladezeit des Energeispeichers angestrebt; dieses kann durch eine geeignete Wahl der Ladestromparameter erzielt werden. Als besonders günstig hat sich ein Aufladen des Energiespeichers mit zeitlich voneinander getrennten Ladestromimpulsen erwiesen (transistorisierte Ladestromsteuerung). Einerseits reicht eine Pausendauer t_{ol} von 2 μs zwischen den Ladestromimpulsen üblicherweise aus, die Entladung nach Verzehr der Speicherenergie sicher abzubrechen und die Entladestrecke ausreichend zu deionisieren; andererseits kann die Stromstärke der Ladestromimpulse so groß gewählt werden, daß der Energiespeicher in hinreichend kurzer Zeit aufgeladen werden kann. Der Einstellbereich für Impuls- und Pausendauer der Ladestromimpulse ist in Bild 4 dargestellt.

Schwer zu erfassen ist bei einem Relaxationsgenerator die Energie der Entladung. Diese wird durch Variation des Energiespeichers, d.h. der Kapazität des Entladekondensators verändert. Dabei bewirkt eine Vergrößerung des Energiespeichers sowohl eine Erhöhung des Entladespitzenstroms als auch eine Verlängerung der Entladedauer.

Berechnen läßt sich die Entladeenergie W_e einer Einzelentladung durch Integration von Strom und Spannung über der Entladedauer nach Gleichung (1):

$$W_e = \int_{t_e} u_e(t) \cdot i_e(t) \cdot dt \tag{1}$$

Der zeitliche Verlauf von Entladestrom und Entladespannung kann algebraisch jedoch nur näherungsweise beschrieben werden. Auch bei Kenntnis der elektrischen Daten der Entladekreiselemente von Funkenerosionsmaschinen läßt sich deshalb auch die Entladeenergie nur näherungsweise bestimmen /8/. Die Energie der Einzelentladung entspricht der Energieverminderung des Kondensators W_K während der Entladung, abzüglich der Verluste des Entladekreises. Es ergibt sich also für die Energie der Einzelentladung:

$$W_e = W_K \cdot \eta_e \tag{2}$$

Für Leerlaufspannungen $\hat{u}_i > 300$ V, ein Wert, der bei Schneidanlagen meist erreicht wird, kann die gespeicherte Energie des Kondensators mit hinreichender Genauigkeit nach der Formel

$$W_K \approx \frac{1}{2} \cdot C \cdot \hat{u}_i^2 \tag{3}$$

bestimmt werden. Für die Entladeenergie ergibt sich demnach /8/:

$$W_e \approx \frac{1}{2} \cdot C \cdot \hat{u}_i^2 \, \eta_e \tag{4}$$

Die Anwendung dieser Gleichung zur Berechnung der Entladeenergie läßt jedoch andererseits die auch während der Entladedauer t_e zugeführte Energie, die also die Entladeenergie noch erheblich vergrößert, unberücksichtigt; andererseits wird bei der Berechnung durch Einsetzen der Leerlaufspannung $\hat{u}_i$ vorausgesetzt, daß eine Entladung des Energiespeichers erst stets dann ausgelöst wird, wenn die am Kondensator anliegende Spannung tatsächlich den Wert der Leerlaufspannung erreicht hat. In den vorliegenden Diagrammen ist stets die nach Formel (3) berechnete Speicherenergie des Kondensators angegeben, die gleichzeitig eine Abschätzung der Größenordnung der Entladeenergie beinhaltet. Eine exakte Bestimmung der Entladeenergie kann nur durch Aufzeichnen der Entladespannungs- und Entladestromverläufe mittels eines Speicheroszilloskops durchgeführt werden.

Die Entladefrequenz f_e, bei der es sich um eine stochastische Impulsfolge entsprechend dem Zustand im Arbeitsspalt handelt, sowie die Frequenz der auf den Spalt durchschlagenden Ladestromimpulse f_{lg} wurden mit Frequenzzählern erfaßt. Um die Frequenzen einwandfrei messen zu können, mußten die mittels einer Stromzange induktiv vom Spaltzuleitungskabel entkoppelten, in proportionale Spannungssignale $u_{e/l}$ umgewandelten Stromverläufe erfaßt, unterschieden und aufbereitet werden. Die Unterscheidung ist notwendig, weil der Entladefrequenz, zeitweise auch am Arbeitsspalt, die Ladestromfrequenz überlagert ist; eine Aufbereitung muß erfolgen, um den mehrfach überschwingenden Entladestrom als einen einzigen Impuls zu erfassen. Die Sensoren (Bild 5) bereiten sowohl die Entladestromimpulse als auch die auf den Arbeitsspalt durchgeschlagenen Ladestromimpulse zu rechteckförmigen Impulsen u_{ze} und u_{zl} auf, die leicht gezählt werden können. Dazu werden die den Lade- bzw. Entladeimpulsen proportionalen Spannungen Komparatoren zugeführt und hier mit einstellbaren Referenzspannungen U_{re} bzw. U_{rl} verglichen. Durch ein Zeitglied ist die Impulsbreite einstellbar. Dieses Einstellen der Abtasthöhe und der Impulsbreite ist entsprechend den bei verschiedenen Entladeenergien unterschiedlichen Entladestromimpulsen notwendig.

Die Arbeitsspannung U wird mittels eines in den Generator eingebauten Voltmeters erfaßt. Die Leitfähigkeit $\varkappa$ des Arbeitsmediums wird während des Betriebes ständig durch eine Meßzelle kontrolliert und bei Bedarf durch automatisches Zuschalten des Deionisierkreislaufes korrigiert.

5.2 Technologische Kenngrößen

Auch die vom funkenerosiven Senken bekannten Leistungskenngrößen Abtragrate und relativer Verschleiß sowie die zur Bestimmung der Elektrodenuntermaße notwendigen Angaben über die Größe des frontalen bzw. lateralen Spaltes haben für das funkenerosive Schneiden nur bedingte Aussagekraft; es sind daher für das funkenerosive Schneiden treffendere Kenngrößen definiert worden, die nur teilweise der VDI-Richtlinie 3402 /7/ entnommen sind.

Als Leistungskenngröße für das funkenerosive Schneiden wird die Schnittrate V_W herangezogen. Diese ergibt sich aus dem Produkt von Vorschubgeschwindigkeit v und Werkstückhöhe h:

$$V_W = v \cdot h \quad \left[\frac{mm^2}{min}\right] \qquad (5)$$

Der Verschleiß der Drahtelektrode wird durch Bestimmung der Massendifferenz vor und nach dem Versuch mittels einer Analysenwaage erfaßt. Als prozentualer Drahtverschleiß ϑ_D wird der Quotient aus der Massendifferenz der Längeneinheiten des "Neudrahtes" m_n und des "Gebrauchtdrahtes" m_g zur Masse pro entsprechender Längeneinheit des Neudrahtes definiert:

$$\vartheta_D = \frac{m_n - m_g}{m_n} \cdot 100 \; [\%] \qquad (6)$$

Dem Drahtverschleiß kommt, trotz verschleißkompensierender Drahtablaufbewegung, Bedeutung in erster Linie im Hinblick auf eine erhöhte Drahtbruchgefahr zu. Die Verringerung der Genauigkeit aufgrund des Drahtverschleißes ist dagegen nur bedingt zu berücksichtigen.

5.3 Schnittgeometrie

Die Genauigkeit wird beim funkenerosiven Schneiden in erster Linie von der Geometrie der Schnittspur bestimmt. Abhängig vom Durchmesser der eingesetzten Drahtelektrode und von den Arbeitsbedingungen bilden sich unterschiedlich breite Schnittspuren aus (Bild 6). Zur Bestimmung der Maßkorrektur sowie zur Ermittlung der Konturgenauigkeit wird die mittlere Schnittspur s_m auf einem Werkstattmeßmikroskop ausgemessen, das bei einer 30-fachen Vergrößerung eine Meßgenauigkeit von ± 1 µm ermöglicht. Das Vermessen der Schnittspur erfolgt an der Werkstückoberseite (s_o) und an der Werkstückunterseite (s_u); die mittlere Schnittspur s_m ergibt sich als arithmetischer Mittelwert:

$$s_m = \frac{s_o + s_u}{2} \tag{7}$$

Diese Meßmethode gestattet es gleichzeitig, die aufgrund falscher Spülung und/oder ungünstiger Lage des Werkstückes auftretende Konizität der Schnittspur $\tan \frac{\alpha}{2}$ zu erfassen:

$$\tan \frac{\alpha}{2} = \frac{s_o - s_u}{2 \cdot h} \tag{8}$$

Die Bauchung b, ein weiterer Profilfehler, der speziell beim Schneiden hoher Werkstücke auftritt, wird durch Meßschriebe erfaßt, die auf einem Perth-O-Meter Typ SHB mit pneumatisch verfahrbarem Meßschlitten erstellt wurden. Die Meßgenauigkeit beträgt ± 2 µm.

5.4 Oberflächenbeschaffenheit

Die Qualität der funkenerosiv geschnittenen Oberflächen wird außer von den Werten der gemittelten Rauhtiefe R_z und vom Mittenrauhwert R_a - jeweils gemessen auf einem Perth-O-Meter mit halbstarrem Tastsystem - von Größe und Art der Beeinflussung des Gefüges in den Randzonen bestimmt. Für eine Beurteilung der "Surface Integrity" müssen daher neben der Rauhigkeit vor allem metallographische Einflüsse untersucht werden /9/. Für diese Untersuchungen stand ein Metallmikroskop "Metallux" der Fa. Leitz, Wetzlar, zur Verfügung.

Die Analyse der chemischen Zusammensetzung der Rand- und Umwandlungszonen läßt sich mit einer Mikrosonde realisieren. Das Gerät bietet jedoch noch nicht die Möglichkeit, eine Veränderung des Kohlenstoffgehaltes in den Randzonen der funkenerosiv geschnittenen Proben zu erfassen. Der Nachweis einer

Wasserstoffdiffusion ist mittels Mikrosonde bisher überhaupt noch nicht möglich.

Um weitere Aufschlüsse über die Oberflächenstruktur der bearbeiteten Proben zu bekommen, eignet sich besonders das Rasterelektronen-Mikroskop, das bei einer Grenzauflösung von 250 Å eine extrem hohe Schärfentiefe aufweist /9/.

Zur Untersuchung der Mikrohärte der Randzone wurde ein Mikrohärteprüfer der Fa. Leitz eingesetzt.

6. VERSUCHSDURCHFÜHRUNG UND AUSWERTUNG

Da das funkenerosive Schneiden sowohl an verschiedenen Werkstückwerkstoffen als auch mit verschiedenen Drahtwerkstoffen untersucht wurde, mußte im Hinblick auf vergleichbare Versuchsbedingungen sinnvollerweise die Zahl der variablen Parameter eingeschränkt werden. Zu den konstanten Einstellbedingungen gehört die Polung; üblicherweise wird beim funkenerosiven Schneiden die Drahtelektrode kathodisch gepolt. Eine kathodische Werkzeugpolung hat sich im Schlichtbereich auch beim funkenerosiven Senken als günstig erwiesen /1,9,10,11/.

In Vorversuchen wurden optimale Einstellbedingungen wie die mittlere Arbeitsspannung U, die maximal erzielbare Entladefrequenz f_e und der optimale Leitwert $\varkappa$ des Arbeitsmediums ermittelt, die dann in den einzelnen Versuchsserien jeweils konstant gehalten wurden.

Außer für diese elektrischen Parameter wurden die optimalen Einstellbedingungen für die Spülung, die Drahtspannkraft und die Rachenweite ebenfalls in Vorversuchen ermittelt.

6.1 Ermittlung optimaler Bearbeitungsparameter

Das Arbeitsmedium wird der Bearbeitungsstelle über Koaxialdüsen zugeführt. Der Durchsatz der Spülstrahlen ist bei verschiedenen Werkstückhöhen und verschiedenen Draht-Werkstück-Kombinationen jeweils so eingestellt worden, daß eine maximale Prozeßstabilität gewährleistet war. Diese optimale Dosierung des Durchsatzes gestaltet sich mit steigender Werkstückhöhe zunehmend schwieriger /17/, zumal dann, wenn der Genauigkeit stärkere Aufmerksamkeit gewidmet werden soll (vgl. Kap. 11.). Voraussetzung für ein einwandfreies Arbeiten ist das exakte, zum Draht koaxiale Ausrichten der Spülstrahlen. Ist dieses nicht gewährleistet, werden zunehmend Kräfte auf den Draht wirksam, die diesen zu Schwingungen anregen können /13/ und so häufig zum Kurzschluß und Drahtbruch führen. Als günstig erweist sich i.a. ein geringerer Durchsatz im oberen Spülstrahl und ein etwas stärkerer im unteren Spülstrahl.

Auch die Rachenweite l, d.h. der Abstand der Drahtführungsköpfe, und die Drahtspannkraft F müssen optimal eingestellt werden, die Rachenweite beeinflußt die Breite der Schnittspur und damit auch die erzielbare Schnittrate. Eine über die Werkstückhöhe wesentlich hinausgehende Rachenweite führt wegen der größeren Amplituden der Drahtschwingung zwangsläufig zu einer größeren Schnittspur und damit zu einem Absinken der Schnittrate. Eine maximale Schnittrate wird daher dann erreicht, wenn der Abstand zwischen Drahtführungsköpfen und Werkstück gerade so groß gewählt ist, daß die Strömung des Arbeitsmediums nicht negativ beeinflußt wird.

Auch die Drahtspannkraft beeinflußt die Genauigkeit und die erzielbare Schnittrate. Eine zu kleine Drahtspannkraft setzt den "Erosionskräften" (elektrostatische Feldkräfte, elektromagnetische Feldkräfte, Kräfte aufgrund von Entladungen sowie Kräfte aufgrund der Spülmittelbewegung /13/) einen zu geringen Widerstand entgegen, was im Extremfall zu Prozeßstörungen (Kurzschlüsse) führen kann. Da eine zu geringe Drahtspannkraft auch die erzielbare Genauigkeit - z.B. durch unzureichendes Anliegen des Drahtes an den Drahtführungen /14/ - herabsetzt, ist man von daher bestrebt, mit einer möglichst hohen Drahtspannkraft bis heran zur Elastizitätsgrenze des Drahtwerkstoffes zu arbeiten. Als nachteilig erweist sich dabei, daß mit zunehmender Drahtspannkraft die "Wärmebelastbarkeit" des Drahtes sinkt; die steigende Gefahr eines Drahtbruches kann aber durch Herabsetzen der Entladefrequenz verringert werden.

Die Schnittrate und die Schnittspur sind weiterhin, wie im Bild 7 dargestellt, von der gewählten Leitfähigkeit des Arbeitsmediums abhängig. Die mittlere Schnittspur wächst mit steigender Leitfähigkeit, weil die Durchschlagfestigkeit des Arbeitsmediums entsprechend sinkt. Oberhalb einer Leitfähigkeit von 10 µS/cm ist daher wegen des ständig wachsenden abzutragenden Volumens ein entsprechendes Absinken der Schnittrate zu verzeichnen; bei kleineren Leitfähigkeiten sinkt die Schnittrate ebenfalls. Die Ursache liegt hier darin, daß sich aufgrund der engen Schnittspur die Spülverhältnisse verschlechtern, so daß zur Vermeidung von Kurzschlüssen der Vorschub leicht verringert werden muß. Auch bei den anderen untersuchten Werkstoffen ist bei einer Leitfähigkeit zwischen 7 und 13 µS/cm eine optimale Schnittrate erzielt worden.

Der wesentlichste Einflußfaktor für die erzielbare Schnittrate ist bei vorgewählter Entladeenergie die Entladefrequenz. Die Schnittrate verhält sich proportional zur Entladefrequenz; es wird daher eine möglichst hohe Entladefrequenz, die noch gerade nicht zum Drahtbruch führt, gewählt. Zur Einstellung der Entladefrequenz werden in erster Linie die Ladestromparameter Stromstärke und Tastverhältnis der Ladestromimpulse herangezogen. Außer durch die Ladestromparameter wird die Entladefrequenz vor allem durch die Einstellung des Vorschubes, durch die Werkstoffpaarung Werkzeug-Werkstück und durch den daraus und aus den Spülverhältnissen resultierenden momentanen Zustand des Arbeitsspaltes /15/ beeinflußt (Bild 8). Dieser Zustand des Arbeitsspaltes wird je nach Abtragverhalten der Werkstück- und Werkzeugwerkstoffe durch mehr oder weniger große Abtragpartikel sowie durch die sich während des Prozesses im Arbeitsspalt ausbildende Leitfähigkeit bestimmt. Dadurch verändern sich die Durchschlagbedingungen so, daß selbst bei festen Einstellparametern des Ladekreises und damit konstanter Energiezufuhr Schwankungen der Entladefrequenz um mehr als 20 % auftreten. Derartige Schwankungen der Entladefrequenz bei konstanter Energiezufuhr im Ladekreis sind nur bei entsprechend großen, gegenläufigen Veränderungen der Entladeenergie möglich, d.h. es treten bei bestimmten Werkstoffpaarungen, weit vor Erreichen der Leerlaufspannung am Kondensator, Entladungen auf; hohe Entladefrequenzen bedeuten demnach in diesen Fällen kleine Entladeenergien.

Diese Abhängigkeiten müssen bei Untersuchungen der Erodierbarkeit einzelner Werkstoffpaarungen für Erklärungen zum unterschiedlichen Abtragverhalten und zur unterschiedlichen Oberflächenausbildung mit berücksichtigt werden. Die je nach Werkstück-Werkzeug-Paarung unterschiedlichen Durchschlagbedingungen beeinflussen auch die Größe des lateralen Arbeitsspaltes und damit die Breite der Schnittspur. Da die Breite der Schnittspur bei gegebener Werkstückhöhe das abzutragende Volumen bestimmt, ist auch von daher eine Beeinflussung der erzielbaren Schnittraten zu erwarten.

6.1.1 Wahl des Drahtdurchmessers

Die Abmessung der Schnittspur ist die wichtigste geometrische Kenngröße, die zur Erzielung einer hohen Maßgenauigkeit schon beim Programmieren der gewünschten Kontur entsprechend berücksichtigt werden muß. Dabei sind geometrisch bedingt die minimalen Eckenradien einer Innenkontur identisch mit den Abmessungen der halben Schnittspur. Abgesehen von den Prozeßparametern und von der Werkzeug-Werkstück-Paarung wird die Schnittspur primär vom Drahtdurchmesser bestimmt; zur Erzielung kleiner Kantenradien müssen daher dünne Drähte eingesetzt werden.

Dies ist jedoch nur in gewissen Grenzen möglich, da sich mit kleinen Schnittspuren vor allem bei großen Werkstückhöhen die Spülbedingungen so stark verschlechtern, daß Prozeßstörungen wie Kurzschlüsse und Drahtbrüche nicht mehr vermieden werden können. Es lassen sich daher z.B. Werkstücke, die höher als 30 mm sind, kaum noch mit 0,1 mm dickem Kupferdraht bearbeiten.

Es ist ferner eine Abhängigkeit der erzielbaren Schnittrate vom gewählten Drahtdurchmesser zu erwarten. Zwar wächst beim Einsatz eines dickeren Drahtes wegen der größeren Schnittspur das abzutragende Volumen linear zum Anstieg des Drahtdurchmessers, aber auch die thermische Belastbarkeit der Drahtelektrode steigt mit dem Drahtdurchmesser. Dabei kann in erster Näherung davon ausgegangen werden, daß sich die thermische Belastbarkeit proportional zum Volumen der Drahtelektrode, also mit dem Quadrat des Drahtdurchmessers, ändert.

Bild 9 bestätigt qualitativ diese prinzipiellen Überlegungen. Bei einer Vergrößerung des Drahtdurchmessers wird es möglich, die mittlere Entladeleistung, die sich als Produkt aus Speicherenergie und zugehöriger maximaler Entladefrequenz ergibt und damit ein Maß für die Belastung der Drahtelektrode darstellt, überproportional zu steigern, ohne daß ein Drahtbruch auftritt.

Während sich somit für die zulässige mittlere Entladeleistung tatsächlich eine annähernd quadratische Abhängigkeit ergibt, steigt die erzielbare Schnittrate nur proportional zum Drahtdurchmesser, da sich auch die Schnittspur und damit das abzutragende Volumen linear mit dem Drahtdurchmesser vergrößern.

Diese im untersuchten Bereich des Drahtdurchmessers aufgezeigten quadratischen bzw. linearen Abhängigkeiten gelten jedoch nur qualitativ, da bei der Wahl unterschiedlicher Drahtdurchmesser auch die elektrischen Parameter und damit verschiedene Randbedingungen geändert wurden. So kann i.a. nicht davon ausgegangen werden, daß der laterale Arbeitsspalt bei Änderung des Abtrages und der elektrischen Parameter konstant bleibt; auch ist physikalisch bedingt bei verschiedenen Entladeenergien ein unterschiedliches Abtragverhalten zu erwarten.

6.1.2 Drahtbruch

Die Schnittrate wird bei vorgewähltem Drahtdurchmesser in erster Linie von den elektrischen Parametern Entladeenergie (≈ im Kondensator gespeicherte Energie) und Entladefrequenz bestimmt. Dabei lassen die vom funkenerosiven Senken bekannten Ergebnisse sowohl mit einer Vergrößerung der Entladeenergie bei konstanter Entladefrequenz als auch mit einer Vergrößerung der Entladefrequenz bei konstanter Entladeenergie eine Steigerung der Schnittrate erwarten. Die in Bild 10 in Abhängigkeit von der Entladefrequenz aufgetragene Schnittrate mit der Speicherenergie des Kondensators als Parameter bestätigt prinzipiell diese Vermutungen. Der bei vorgegebener Werkstückhöhe und konstanter Entladefrequenz zu verzeichnende Anstieg der Schnittrate mit steigender Speicherenergie des Kondensators ist auf einen entsprechend wachsenden Abtrag pro Entladung zurückzuführen.

Der Anstieg der Schnittrate bei konstanter Speicherenergie mit der Erhöhung der Entladefrequenz ist dagegen auf die pro Zeiteinheit wachsende Anzahl der Entladungen zurückzuführen, denn annähernd proportional mit der Entladefrequenz wächst das abgetragene Werkstoffvolumen. Auffällig ist jedoch, daß der Anstieg der Schnittrate je nach Speicherenergie mehr oder weniger überproportional zur Entladefrequenz erfolgt. Dieses Verhalten ist auf eine sich mit steigender Entladefrequenz verkleinernde Schnittspur zurückzuführen, wodurch das abzutragende Volumen sinkt. Verantwortlich für diese Veränderungen der Schnittspur sind die mit steigender Entladefrequenz wachsenden Entladekräfte, die einer Pendelbewegung der Drahtelektrode quer zur Schnittrichtung entgegenwirken /13/ (vgl. Kap.11.2.1). Diese auf die Drahtelektrode zentrierend wirkenden Entladekräfte sind umso stärker ausgeprägt, je höher die Speicherenergie des Kondensators ist.

Mit wachsender Speicherenergie ist nämlich auch ein Anstieg des Entladestromes zu verzeichnen, und aus anderen Untersuchungen /1/ ist bekannt, daß die Kräfte als Folge einer Entladung annähernd proportional mit der Größe des Entladestromes anwachsen. Der mit größeren Speicherenergien des Kondensators zunehmend progressive Anstieg der Schnittrate mit der Entladefrequenz kann daher auf eine stärker verkleinerte Schnittspur bei höheren Speicherenergien zurückgeführt werden.

Im Hinblick auf eine maximale Schnittrate werden bei den einzelnen Speicherenergien und Werkstückhöhen Entladefrequenzen angestrebt, die so groß sind, daß die Grenze der Drahtbelastbarkeit gerade nicht überschritten wird. Da der prozentuale Drahtverschleiß bei kleinen Speicherenergien mit etwa 3,5 % gering bleibt, kann angenommen werden, daß bei der vorgewählten Drahtspannkraft der Drahtbruch nicht aufgrund einer Querschnittschwächung auftritt. Es ist vielmehr zu vermuten, daß die bei kleinen Speicherenergien relativ stromstarken Ladeimpulse im Falle eines Kurzschlusses beim Durchschlagen auf die Entladestrecke vorzeitig einen Drahtbruch herbeiführen.

Mit steigender Speicherenergie, d.h. mit steigendem Entladestrom, vergrößert sich ähnlich wie beim funkenerosiven Senken der Verschleiß der Elektrode. Da bei größerer Speicherenergie aber auch kleinere Ladeströme gewählt werden, führen auf die Entladestrecke durchschlagende Ladestromimpulse hier erst nach einem längeren Zeitraum, in dem ggf. die Vorschubregelung der Maschine bereits sicher ansprechen kann, zu einem Drahtbruch. Es wird daher vermutet, daß bei höheren Speicherenergien der Drahtbruch durch einen höheren prozentualen Drahtverschleiß und die damit verbundene Querschnittschwächung sowie durch die Entladungen selbst verursacht wird.

Bei kleinen Speicherenergien ist es nämlich aufgrund des geringen Verschleißes pro Entladung unproblematisch, wenn ein und dieselbe Stelle der Drahtelektrode mehrfach von Entladungen getroffen wird. Ein mit steigender Speicherenergie wachsender Verschleiß pro Entladung führt jedoch dazu, daß einzelne Stellen der Drahtelektrode weniger häufig von Entladungen getroffen werden dürfen, wenn ein Drahtbruch sicher vermieden werden soll. Bei der gewählten Kupferdrahtelektrode des Durchmessers 0,2 mm wird mit Speicherenergien von 5,1 mJ der Verschleiß pro Entladung so groß, daß bei dem auf etwa 7,5 % gestiegenen prozentualen Drahtverschleiß mit

5,1 mJ die kritische Speicherenergie erreicht wird, die bei einer Häufung der Entladungen an einer Stelle zum Drahtbruch führt. Zur Verminderung der Entladungsdichte muß daher die Entladefrequenz relativ klein gewählt werden. Dies führt zu dem sichtbaren Abfall der Schnittrate bei zu hohen Speicherenergien.

Hinzu kommt, daß mit größeren Speicherenergien der Abtrag pro Entladung vermutlich wegen einer zu großen Ausdehnung des Entladekanals und den damit verbundenen Verlusten durch Wärmeableitung /1/ nur noch geringfügig ansteigt.

Bei Verwendung dünnerer Drahtelektroden werden bereits eher kritische Speicherenergien erreicht. So tritt bei einer 0,1 mm dicken Kupferdrahtelektrode oberhalb einer Speicherenergie von 0,34 mJ und bei einer 0,15 mm dicken oberhalb einer Speicherenergie von 0,68 mJ das oben begründete Absinken der erzielbaren Schnittrate auf. Dagegen ergeben sich beim Einsatz einer 0,25 mm dicken Drahtelektrode erst oberhalb 6,8 mJ ungünstigere Werte für die Schnittrate.

7. BEARBEITUNG VON STAHLWERKSTOFFEN

7.1 Abtragverhalten beim Kaltarbeitsstahl X 210 Cr 12

Je nach Werkzeug-Werkstück-Paarung sowie je nach Werkstückhöhe ist die Grenze der Drahtbelastbarkeit unterschiedlich. Am Beispiel des Kaltarbeitsstahls X 210 Cr 12, der im Schnittwerkzeugbau vielfach Verwendung findet, sind unter der Bedingung, daß die Drahtbelastbarkeit gerade nicht überschritten wird, die technologischen Kenngrößen Schnittrate, Oberflächengüte und Schnittspur in Abhängigkeit von der Werkstückhöhe und von der Speicherenergie des Kondensators ermittelt worden. In Bild 11 ist zu erkennen, daß mit steigender Werkstückhöhe bei allen Speicherenergien ein Anstieg der Schnittrate auftritt, der auf eine Erhöhung der Entladefrequenz zurückzuführen ist. Diese Erhöhung der Entladefrequenz wird möglich, weil die bei dickeren Werkstücken entstehende, breitere Schnittspur die Spülverhältnisse und somit die Kühlwirkung des Arbeitsmediums auf den Draht verbessert. Gleichzeitig erhöht sich mit steigender Werkstückhöhe auch die Wärmeableitung durch das Werkstück, da sich die im Eingriff befindliche Arbeitsfläche vergrößert.

Dadurch wird das Verdampfen des Arbeitsmediums zu höheren Entladeleistungen verschoben. Es treten daher auch erst bei diesen höheren Entladeleistungen Entladungen im gasförmigen Medium auf, die wegen schlechterer Kühlung /4,16/ zum Bruch der Drahtelektrode führen können.

Durch die vergrößerte Arbeitsfläche verringert sich auch die "Auftreffdichte" der Entladungen und damit die Streckenlast auf den Draht /17/. Bei geringeren Streckenlasten wird eine gute Stabilität des Erosionsprozesses gewährleistet. Die elektrostatischen Kräfte in Schnittrichtung sind größer als die Entladungskräfte, so daß der Draht zum Werkstück hin ausgelenkt ist. Bei kleinen Störungen wird er daher nicht zum Werkstück hin in den Kurzschluß sondern vom Werkstück wegfedern. Aus Untersuchungen /9,18/ beim funkenerosiven Senken ist außerdem bekannt, daß sich mit abnehmender Auftreffdichte das Abtragverhalten verbessert.

Das Arbeitsergebnis wird neben der Schnittrate durch die Qualität der geschnittenen Oberfläche charakterisiert. Genau wie bei der Schnittrate üben die Entladeparameter den größten Einfluß auf die Oberfläche aus. Der Einfluß der Entladefrequenz hat sich als gering erwiesen. Bei einer Erhöhung der Schnittrate, die auf einen größeren Abtrag pro Entladung zurückzuführen ist, ist dagegen gemäß der vom Senken bekannten Erosionstechnologie /1,9,14/ eine ungünstige Beeinflussung der Oberflächengüte zu erwarten. Das Diagramm zeigt daher mit größerer Speicherenergie der Entladekondensatoren, d.h. mit steigender Entladeenergie, einen deutlichen Anstieg der R_z-Werte. Optimale Oberflächengüten können somit nicht zusammen mit einer maximalen Schnittrate erzielt werden. Die gemittelte Rauhtiefe R_z zeigt ferner mit steigender Werkstückhöhe eine Verbesserung. Dies ist vermutlich nicht auf die Erhöhung der Entladefrequenz zurückzuführen. Die Verbesserung der Oberflächengüte resultiert vielmehr vor allem aus der starken

Vergrößerung der Schnittspur mit steigender Werkstückhöhe. Mit dieser Verbreiterung der Schnittspur wächst der Durchmesser des Entladekanals, dabei verringert sich die Energiedichte der Entladung entsprechend /1/. Die Entladekrater werden flacher und die Oberflächengüte somit besser. Hinzu kommt aufgrund der Verwendung von Wasser als Arbeitsmedium, das auch nach der Aufbereitung eine im Vergleich zu Kohlenwasserstoffdielektrika hohe Leitfähigkeit aufweist, ein elektrochemischer Abtrag, wobei aufgrund der Stromdichteverteilung an Unebenheiten eine Verbesserung der Oberflächengüte auftreten kann.

7.2 Einfluß unterschiedlicher Stahlwerkstoffe auf das Abtragverhalten

Aus Untersuchungen beim funkenerosiven Senken ist bekannt, daß sich die Erodierbarkeit von Stahlwerkstoffen je nach Legierungsbestandteilen z.T. erheblich unterscheidet. Wegen der Vielzahl der meist vorhandenen Legierungselemente, die sich stets gegenseitig beeinflussen, ist es jedoch nocht nicht möglich, die gesamthaft abtragsteigernde bzw. -hemmende Wirkung auf den Erosionsprozeß vorherzusagen. Es ist bislang noch nicht einmal gelungen, die Erodierbarkeit aller Reinmetalle lückenlos bestimmten physikalischen Eigenschaften zuzuordnen.

Aus Untersuchungen beim funkenerosiven Senken ist jedoch die Erodierbarkeit der drei für den vorliegenden Bericht ausgesuchten Werkstoffe bekannt, so daß sich ausreichende Vergleichsmöglichkeiten bieten. Bemerkenswert ist, daß der ledeburitische Stahl X 210 Cr 12 unter fast allen Versuchsbedingungen eine vergleichsweise hervorragende Erodierbarkeit aufweist /21,22/. Beim Warmarbeitsstahl 56 NiCrMoV 7 wird demgegenüber eine niedrigere Abtragrate bei höherem relativem Verschleiß erreicht /21,22/. Als besonders schlecht erodierbar gilt die Legierung X 50 NiCrWV 13 13, die speziell im Schlichtbereich bei der Bearbeitung mit Kupferelektroden einen extrem hohen relativen Verschleiß verursacht /22,23/.

Auch beim funkenerosiven Schneiden wird das Abtragverhalten einer Legierung, charakterisiert durch den Abtrag pro Entladung und durch den Verschleiß pro Entladung, das erzielbare Arbeitsergebnis wesentlich beeinflussen.

Stärker als beim funkenerosiven Senken kann beim funkenerosiven Schneiden eine Auswirkung auf die Hauptzeiten von der Ausbildung des lateralen Arbeitsspaltes erwartet werden. Bei den großen Werkzeugeingriffsflächen, die üblicherweise beim funkenerosiven Senken vorherrschen, fällt ein mehr oder weniger großer lateraler Arbeitsspalt für die Größe des abzutragenden Volumens kaum ins Gewicht. Ein zu kleiner lateraler Arbeitsspalt verschlechtert lediglich die Spülung, so daß Abtragprodukte hier zu Prozeßstörungen führen können. Die Spülbedingungen werden natürlich auch beim funkenerosiven Schneiden durch die Ausbildung des lateralen Arbeitsspaltes beeinflußt. Darüber hinaus führt jedoch aufgrund der sehr kleinen im Eingriff befindlichen Arbeitsfläche ein Anstieg des lateralen Arbeitsspaltes zu einer nicht unerheblichen Vergrößerung des abzutragenden Volumens und damit zu einem Absinken der Schnittrate. So würde sich z.B. bei Verwendung eines 0,2 mm dicken Kupferdrahtes und einer mittleren Schnittspur von 0,35 mm durch eine Vergrößerung des lateralen Arbeitsspaltes von nur 0,01 mm das abzutragende Volumen um ca. 5,7 % erhöhen, was einen entsprechenden Anstieg der Hauptzeit zur Folge hätte. Beim Einsatz dünnerer Drahtelektroden und kleinerer Eingriffsflächen würde sich eine entsprechende Spaltvergrößerung noch gravierender auswirken. Auch der je nach Werkzeug-Werkstück-Paarung unterschiedliche Elektrodenverschleiß kann einen erheblichen Einfluß auf die erreichbaren Schnittraten haben, falls der Verschleiß vorzeitig zum Drahtbruch führt; der Drahtverschleiß wird jedoch in gewissen Grenzen durch die Drahtablaufbewegung kompensiert.

Es ist ferner zu erwarten, daß sich die Belastbarkeit der Drahtelektrode durch eine bessere Kühlung bei einer großen Wärmeabfuhr aus der Arbeitszone erhöht. Eine Wärmeabfuhr erfolgt außer durch die ablaufende Drahtelektrode selbst durch Wärmeleitung und Wärmespeicherung im Arbeitsmedium und im Werkstückmaterial /1/. Eine durch die Werkzeug-Werkstück-Paarung bedingte große Schnittspur und die damit verbundenen größeren Durchsätze des Arbeitsmediums würden daher eine Wärmeabfuhr begünstigen, so daß ein Drahtbruch erst bei höheren Entladeleistungen zu erwarten wäre. Auch bei einer hohen Wärmeleitfähigkeit des Werkstückmaterials könnte sich die Belastbarkeit der Drahtelektrode wegen der besseren Wärmeableitung durch das Werkstück vergrößern.

Werden die in Bild 12 dargestellten technologischen Daten der drei untersuchten Stahlwerkstoffe unter den o.g. Gesichtspunkten analysiert, so lassen sich die folgenden Aussagen treffen: Die größte Schnittrate wird bei allen Werkstückhöhen bei der Bearbeitung des Kaltarbeitsstahls X 210 Cr 12 erreicht, die zweithöchste Schnittrate weist die Legierung X 50 NiCrWV 13 13 auf, während sich der Warmarbeitsstahl 56 NiCrMoV 7 am schlechtesten bearbeiten läßt. Eine Berechnung des Abtrages pro Entladung mittels der Entladefrequenz und der Breite der Schnittspur bestätigt die an Hand der Schnittrate bereits gewonnenen Ergebnisse über die Erodierbarkeit der drei Legierungen beim funkenerosiven Schneiden. Da sich diese Ergebnisse vor allem für die Legierung X 50 NiCrWV 13 13 von denen des funkenerosiven Senkens unterscheiden, liegt die Vermutung nahe, daß die Ursache in einem veränderten Abtragmechanismus zu suchen ist. Neben den Auswirkungen des Arbeitsmediums könnten vor allem die kurzzeitigen, stromintensiven Entladeimpulse das veränderte Abtragverhalten bewirken. Aus Untersuchungen der energetischen Vorgänge beim funkenerosiven Senken /1/ ist nämlich bekannt, daß mit kürzeren Entladedauern die Schmelzvorgänge beim Erosionsprozeß an Bedeutung verlieren, während die Verdampfungsvorgänge einen zunehmend größeren Anteil am Abtragvorgang übernehmen. Da Chrom, mit 12 % bzw. 13 % wesentlicher Bestandteil sowohl des Werkstoffes X 210 Cr 12 als auch des Werkstoffes X 50 NiCrWV 13 13, eine relativ niedrige Siedetemperatur von 2480°C aufweist, und somit bei diesen Legierungen und beim niedriglegierten Warmarbeitsstahl 56 NiCrMoV 7 ähnliche Siedetemperaturen vorliegen, könnten die gegenüber dem funkenerosiven Senken nur geringen Unterschiede im Abtragverhalten der drei Werkstoffe erklärt werden.

Wesentliche weitere Einflußfaktoren auf die erzielbare Schnittrate sind die Ausbildung der Schnittspur und die ohne Drahtbruch erreichbaren Entladefrequenzen. Die höchste Entladefrequenz läßt sich beim Warmarbeitsstahl 56 NiCrMoV 7 erzielen. Da dieser Werkstoff die größte Wärmeleitfähigkeit von den drei untersuchten Legierungen mit etwa 0,59 J/cm s °C aufweist /24/, und sich aufgrund der breitesten Schnittspur die günstigsten Spülbedingungen ergeben, kann als Ursache für das Erreichen dieser Entladefrequenz die gute Wärmeabfuhr aus der Arbeitszone angesehen werden. Die bei den beiden anderen Werkstoffen erreichten Entladefrequenzen sind deutlich niedriger und unterscheiden sich kaum voneinander. Die Wärmeleitfähigkeit dieser Werkstoffe ist mit 0,25 J/cm s °C und 0,16 J/cm s °C entsprechend kleiner /24/ und auch kaum unterschiedlich. Da sich außerdem die Schnittspuren beider Werkstoffe enger und in etwa gleich ausbilden, verschlechtern sich die Spülbedingungen. Die Ursache für die geringeren Entladefrequenzen kann daher auch in der, aus den Spülverhältnissen resultierenden, schlechteren Wärmeableitung durch das Arbeitsmedium vermutet werden. Die Unterschiede in der erzielten Schnittrate ergeben sich bei diesen beiden Werkstoffen daher fast ausschließlich aus dem unterschiedlichen Abtrag pro Entladung. Die, trotz eines sehr geringen Abtrags pro Entladung und einer großen Schnittspur, nur verhältnismäßig geringfügig kleinere Schnittrate des Warmarbeitsstahls 56 NiCrMoV 7 wird dagegen durch die hohen erzielbaren Entladefrequenzen erreicht, die so einen gewissen Ausgleich zur schlechten Erodierbarkeit und zum großen abzutragenden Volumen schaffen.

Die Ausbildung der gemittelten Rauhtiefe läßt sich bei den untersuchten Werkstoffen direkt dem erreichten Abtrag pro Entladung zuordnen; d.h. beim Warmarbeitsstahl 56 NiCrMoV 7 ergeben sich die besten, beim Kaltarbeitsstahl X 210 Cr 12 die schlechtesten Oberflächenkennwerte. Als weiterer zusätzlicher Einflußfaktor kann jedoch wiederum die Ausbildung des lateralen Arbeitsspaltes und damit die Größe der Schnittspur angesehen werden, die sich entsprechend der Größe und Anzahl der Abtragpartikel /19/ und der Leitwerterhöhung des Arbeitsmediums in der Arbeitszone durch Abtragprodukte /25/

(vgl. Kap. 6.1) unterschiedlich ausbildet. Ein kleiner Arbeitsspalt führt zu kleinen Entladekanälen; durch die größere Energiedichte an den Fußpunkten eines kleinen Entladekanals entstehen tiefere Entladekrater und damit schlechtere Oberflächenkennwerte. Begünstigt durch die enge Schnittspur ergeben sich daher besonders bei Werkstückhöhen unter 30 mm beim Kaltarbeitsstahl X 210 Cr 12 im Vergleich zu den anderen Werkstoffen unverhältnismäßig ungünstige Werte für die gemittelte Rauhtiefe. Die große mittlere Schnittspur beim Warmarbeitsstahl 56 NiCrMoV 7 begünstigt dagegen die Ausbildung guter Oberflächenkennwerte.

Diese Untersuchungen lassen erkennen, daß vom funkenerosiven Senken bekannte Ergebnisse hinsichtlich Abtragverhalten und Oberflächenausbildung verschiedener Werkstoffe nur bedingt auf das funkenerosive Schneiden übertragbar sind.

8. ABTRAGVERHALTEN BEI VERWENDUNG VERSCHIEDENER DRAHTWERKSTOFFE

Aus Untersuchungen beim funkenerosiven Senken ist ebenfalls bekannt, daß verschiedene Elektrodenwerkstoffe bei gleichen Werkstückwerkstoffen und Einstellparametern aufgrund eines unterschiedlichen Abtrags pro Entladung verschiedene Abtragraten erbringen und sich vor allem in ihrem Verschleißverhalten unterscheiden /9,22,23,26,27/.

Auch beim funkenerosiven Schneiden läßt die Wahl des Drahtwerkstoffes daher einen Einfluß auf das Arbeitsergebnis erwarten. Anders als beim funkenerosiven Senken spielt jedoch der Verschleiß hinsichtlich des Leistungsverhaltens erst dann eine Rolle, wenn er durch die Drahtablaufbewegung nicht mehr hinreichend schnell kompensiert werden kann, sondern eine Verringerung der Entladefrequenz, die zu einer entsprechenden Verkleinerung der Schnittrate führt, zur Vermeidung eines Drahtbruchs notwendig wird. Neben der Ausbildung der Schnittspur und dem erzielten Abtrag pro Entladung bestimmt also die zulässige Belastbarkeit der Drahtelektrode mit einer mehr oder weniger hohen Entladeleistung die erreichbaren

Schnittraten. Diese zulässige Belastbarkeit ist abhängig vom jeweiligen Verschleiß pro Entladung sowie von den thermomechanischen Eigenschaften des Drahtes und von der aus den Spülverhältnissen und den Wärmekennwerten des Werkstückmaterials sich ergebenden Kühlwirkung.

Die im Bild 13 dargestellten Leistungskenngrößen, die sich beim funkenerosiven Schneiden des Kaltarbeitsstahls X 210 Cr 12 mit den vier ausgewählten Drahtwerkstoffen Cu,Ms,Mo und V2A erzielen lassen, können wie folgt analysiert werden. Die höchste Schnittrate läßt sich bei der Verwendung von Kupferdraht erzielen. Zurückzuführen ist dies auf den im Vergleich zu den anderen Drahtwerkstoffen deutlich größten Abtrag pro Entladung. Die Schnittspur bildet sich vergleichsweise eng aus, wodurch auch wenig Material abgetragen werden muß.

Beim Einsatz von Ms-Draht ist die Schnittrate etwas geringer. Zurückgeführt werden kann dieses auf einen geringeren Abtrag pro Entladung sowie auf die Ausbildung einer größeren Schnittspur. Der vom funkenerosiven Senken bekannte höhere Verschleiß bei Messingelektroden fällt beim funkenerosiven Schneiden vermutlich wegen der Drahtablaufbewegung und der gegenüber Kupfer etwas günstigeren Zugfestigkeit nicht so stark ins Gewicht. Mit einer Kompensation des höheren Drahtverschleißes durch eine größere Drahtablaufgeschwindigkeit, wie sie bei Maschinen realisiert ist, auf denen bevorzugt mit Messingdraht gearbeitet wird /28/, ließen sich ggf. ähnlich hohe Schnittraten wie bei Verwendung von Kupferdraht erzielen. Speziell bei höheren Werkstücken können bereits ohne diese Maßnahmen Entladefrequenzen erzielt werden, die größer als die bei Verwendung von Kupferdraht sind. Begünstigt wird dieses Verhalten durch eine bei hohen Werkstücken im Vergleich zu Kupferdraht deutlich größere Schnittspur, die die Spülung und damit die Kühlung der Drahtelektrode durch das Arbeitsmedium verbessert. Die größere Schnittspur wird, wie der größere Arbeitsspalt beim funkenerosiven Senken /22/, durch die niedrigschmelzenden Bestandteile des Messings verursacht. Diese Bestandteile schaffen vermutlich auch Durchschlagbedingungen in der Schnittspur, die Entladungen bereits vor Erreichen der vollen Leerlaufspannung am Entladekondensator auslösen. Nur mit einem kleineren Energieinhalt pro Entladung ist auch das Auftreten höherer Entladefrequenzen bei annähernd gleichen Ladestromparametern wie bei der Verwendung von Kupferdraht erklärbar.

Die Schnittrate beim Einsatz von Molybdändraht ist nochmals etwas geringer als die von Ms-Draht, obwohl der errechnete Abtrag pro Entladung höher ist. Verursacht wird die relativ geringe Schnittrate in erster Linie durch die Ausbildung einer sehr großen Schnittspur, die sich je nach Werkstückhöhe um mehr als 70 µm größer ausbildet als die bei Verwendung eines Kupferdrahtes; dadurch steigt das abzutragende Volumen um etwa 30 %. Nur aufgrund deutlich höherer Entladefrequenzen hält sich der Abfall der Schnittrate in kleineren Grenzen. Die höheren Entladefrequenzen werden aufgrund entsprechend günstiger Spülverhältnisse und aufgrund der thermomechanischen Eigenschaften des Molybdändrahtes erreicht. Neben der hohen Schmelz- und Verdampfungstemperatur, die den Verschleiß der Molybdän-Drahtelektrode gering halten, reduziert vermutlich vor allem die hohe Warmzugfestigkeit /3/ die Gefahr eines Drahtbruchs. Aufgrund dieser Eigenschaften ist es auch möglich, die Drahtablaufgeschwindigkeit gegenüber der von Kupfer um etwa 50 % zu reduzieren.

Beim funkenerosiven Schneiden mit V2A-Draht müssen die Entladefrequenzen stark verringert werden, weil durch den von der Stahl-Stahl-Bearbeitung beim funkenerosiven Senken /19/ bekannten hohen Verschleiß bereits bei niedrigen Entladefrequenzen eine Drahtschwächung auftritt, die zum Drahtbruch führt. Auch die sehr enge Schnittspur wirkt sich so ungünstig auf die Spülbedingungen aus, daß die Entladefrequenz auch von daher entsprechend verkleinert werden muß. Da sich außerdem bei diesem Drahtwerkstoff der kleinste Abtrag pro Entladung ergibt, erbringt V2A-Draht beim funkenerosiven Schneiden die geringste Schnittrate.

Die beim Einsatz verschiedener Drahtwerkstoffe erreichbaren Oberflächengüten sind ebenfalls abhängig vom Abtrag pro Entladung sowie von der Ausbildung der Schnittspur. Eine breite Schnittspur führt zu großen Entladekanälen und zu flachen

Entladekratern, die entsprechend gute Oberflächenkennwerte zur Folge haben.

Wegen des hohen Abtrags pro Entladung und der Ausbildung einer verhältnismäßig kleinen Schnittspur ergibt sich für den Einsatz von Kupferdraht eine große Rauheit. Schlechtere Oberflächenkennwerte erbringt nur der Einsatz von Molybdändraht. Der Abtrag pro Entladung ist zwar ähnlich hoch wie der mit Kupferdraht erzielte, aber die sehr große mittlere Schnittspur ließe eigentlich günstigere Oberflächenkennwerte erwarten, so daß die erzielten Oberflächenkennwerte nur durch einen instabilen Prozeßablauf erklärt werden können. Die besten Oberflächenkennwerte werden mit Messing und V2A-Draht erreicht. Beim Einsatz von Messingdraht sind die Ursachen neben einem kleineren Abtrag pro Entladung in einer durch die Spaltbedingungen kleineren Entladeenergie sowie in der Ausbildung einer im Vergleich zu Kupferdraht größeren Schnittspur zu suchen. Beim Einsatz von V2A-Draht führt dagegen der sehr kleine Abtrag pro Entladung trotz der kleinen Schnittspur zu annähernd gleich guten Oberflächenkennwerten.

Vom funkenerosiven Senken ist bekannt, daß das Verschleiß- und Abtragverhalten verschiedener Elektrodenwerkstoffe sich bei der Bearbeitung unterschiedlicher Werkstückmaterialien ändern kann. Die vier Drahtwerkstoffe sind daher in Stichversuchen auch an Hartmetallwerkstücken der Sorte G 20 und an Kupferwerkstücken erprobt worden.

Diese Untersuchungen erbrachten beim Hartmetall für die drei Drahtwerkstoffe Kupfer, Molybdän und Messing ähnliche Ergebnisse (Bild 14).

Die Unterschiede im Leistungsverhalten fallen jedoch vor allem durch die geringe Werkstückhöhe von 5,4 mm weniger stark ins Gewicht. Die deutlich geringste Schnittrate stellt sich aber wiederum beim Einsatz von V2A-Draht ein, was auch hier auf die bereits erläuterten Gründe zurückzuführen ist.

Die ungünstigsten Werte für die gemittelte Rauhtiefe R_z wurden beim Einsatz von Molybdändraht festgestellt, verursacht wird dieses vor allem durch einen relativ instabilen Prozeßablauf.

Die Ergebnisse der ebenfalls in Stichversuchen durchgeführten Erprobung der vier Drahtwerkstoffe beim Schneiden von Kupferwerkstücken ist in Bild 15 dargestellt. Hier zeigen sich hinsichtlich der Schnittrate eindeutige Vorteile beim Einsatz von Molybdändraht, der aus einem gegenüber den anderen Drahtwerkstoffen größeren Abtrag pro Entladung resultiert. Außerdem führt die höhere Belastbarkeit dieses Drahtwerkstoffes direkt zu einer größeren Schnittrate, da sich die mittlere Schnittspur im Gegensatz zu den beiden anderen untersuchten Werkstückwerkstoffen in vergleichbarer Größe wie beim Einsatz von Messing- oder Kupferdraht ausbildet. Deutlich geringer sind die Schnittraten von Messing- und V2A-Draht, was in erster Linie auf die geringeren erzielbaren Entladefrequenzen und auf die Ausbildung größerer Schnittspuren zurückgeführt werden kann.

Während sich bei den drei Drahtwerkstoffen Kupfer, Messing und V2A annähernd gleiche Oberflächenkennwerte ergeben, wird die hohe Schnittrate beim Einsatz von Molybdändraht wiederum durch deutlich schlechtere Oberflächenkennwerte begleitet.

An Hand dieser je nach Werkzeug-Werkstück-Paarung unterschiedlichen Ergebnisse hinsichtlich Schnittrate, Oberflächengüte und Schnittspur wird deutlich, daß die Wahl eines geeigneten Werkzeugwerkstoffes beim funkenerosiven Schneiden ähnlich dem funkenerosiven Senken speziell bei der Bearbeitung "exotischer Werkstoffe" je nach Zielrichtung - Schnittrate oder Oberflächengüte - prinzipiell Vorteile erbringen kann. Da der Verschleiß der Drahtelektrode jedoch durch die Drahtablaufbewegung teilweise kompensiert werden kann, ist diese Wahl bei weitem nicht so kritisch wie beim funkenerosiven Senken, so daß die Verwendung von Kupfer- bzw. Messingdraht i.a. gerechtfertigt erscheint.

9. ABTRAGVERHALTEN BEI VERWENDUNG VERSCHIEDENER ARBEITSMEDIEN

Die Untersuchungen mit unterschiedlichen Arbeitsmedien sind am Kaltarbeitsstahl X 210 Cr 12 bei einer konstanten Werkstückhöhe h = 50 mm sowie an Hartmetall der Sorte G 30 bei einer Werkstückhöhe h = 5,4 mm durchgeführt worden. Als Arbeitsmedium wurden demineralisiertes Wasser mit einer Leitfähigkeit $\varkappa$ = 10 μS/cm sowie Kristallöl Shell K 30 mit den in Tabelle 3 angegebenen Daten verwendet. Beim Einsatz beider Arbeitsmedien wurde aus Vergleichsgründen mit Strahlspülung gearbeitet. Die Rachenweite wurde konstant auf 60 mm bzw. 15 mm gehalten. Als Werkzeug kam Elektrolytkupferdraht 0,2 mm Ø mit einer Drahtspannkraft von 4,4 N und maximaler Drahtablaufgeschwindigkeit (40 mm/s) zum Einsatz.

Von den elektrischen Einstellparametern wurden die Leerlaufspannung $\hat{u}_i$ und die Leitfähigkeit $\varkappa$ des deionisierten Wassers bei allen Versuchen konstant gehalten; variiert wurde lediglich die Speicherenergie des Kondensators W_K. Die Entladefrequenz wurde so weit gesteigert, daß jeweils gerade kein Drahtbruch auftrat; je nach Arbeitsmedium ergaben sich dabei unterschiedliche Werte. Die niedrigere Entladefrequenz, die sich beim Einsatz des Kohlenwasserstoff-Dielektrikums erzielen ließ, wurde aus Vergleichsgründen zusätzlich auch bei der Bearbeitung unter deionisiertem Wasser getestet.

Bei der Verwendung von K 30 ist die maximal erzielbare Schnittrate deutlich kleiner als die beim Einsatz von deionisiertem Wasser; Ursache dafür ist die geringere zulässige Entladefrequenz. Wird bei dieser Entladefrequenz Wasser als Arbeitsmedium eingesetzt, so unterscheiden sich die Schnittraten nur geringfügig. Während jedoch bei der Verwendung von Wasser die maximale Schnittrate bei einer Speicherenergie des Kondensators von 3,5 mJ erreicht wird, ist sie beim Einsatz von K 30 zu höheren Werten verschoben (Bild 16).

Die gemittelte Rauhtiefe in Abhängigkeit von der Speicherenergie des Kondensators ist bei Verwendung von K 30 um bis zu 100 % schlechter als bei der Verwendung von Wasser.

Die bei Wasser größere erreichbare Entladefrequenz und die damit verbundene hohe Schnittrate sowie die besseren Oberflächenkennwerte können aus mehreren Gründen erzielt werden. Bei der Bearbeitung unter Verwendung von Wasser stellt sich stets eine größere Schnittspur als bei der Bearbeitung unter Dielektrikum K 30 ein, die offensichtlich auf die geringere Durchschlagfestigkeit des Wassers zurückzuführen ist. Da sich bei Verwendung von K 30 aufgrund der geringeren Leitfähigkeit eine kleinere Schnittspur und damit auch ein kleinerer Arbeitsspalt ausbildet und K 30 außerdem eine höhere Viskosität als Wasser aufweist /4,6/, ist zu vermuten, daß auch der Entladekanal bei der Verwendung von K 30 deutlich kleiner ist. Infolge der höheren Energiekonzentration führt dies zu tieferen Kratern und damit zu schlechteren Oberflächenkennwerten. Die höhere Entladefrequenz bei der Verwendung von Wasser kann erzielt werden, weil die größere Schnittspur und die im Vergleich zu K 30 geringere Viskosität des Wassers eine bessere Spülung gewährleisten; zusätzlich verstärken die günstigeren Wärmekennwerte des Wassers die Wärmeabfuhr aus der Arbeitszone. Auch im Hinblick auf Drahtauslenkungen /13/, die aufgrund des Erosionsprozesses unvermeidbar sind, wirkt sich eine große Schnittspur zur Vermeidung von Prozeßstörungen wie z.B. "Kurzschlüssen" positiv aus /29/. Die maximal mögliche Entladefrequenz bei der Verwendung eines Kohlenwasserstoff-Arbeitsmediums ist dagegen geringer, weil hier feste Zersetzungsprodukte auftreten, die beim Einsatz von Wasser fehlen /30/. Außerdem treten bei Verwendung von K 30 Abtragpartikel auf, die etwa das dreifache Volumen der bei Wasser auftretenden haben (Bild 17). Die Zersetzungsprodukte und die größeren Abtragpartikel führen zusammen mit der engen Schnittspur dazu, daß bei Kohlenwasserstoff-Dielektrika die Neigung zum Prozeßzustand "Lichtbogen" bzw. "Kurzschluß" wächst; diese Neigung kann zur Zeit nur durch größere Pausen zwischen den Entladungen, d.h. durch eine niedrigere Entladefrequenz, teilweise kompensiert werden.

Die technologischen Kenngrößen bei der Bearbeitung des Hartmetalls G 30 unter der Kohlenwasserstoffverbindung K 30 zeigen ein ähnliches Verhalten wie die der Stahlbearbeitung (Bild 18). Die Schnittrate bei der Verwendung von K 30 ist aufgrund der geringeren maximal möglichen Entladefrequenz wiederum erheblich geringer als die Schnittrate bei der Verwendung von Wasser als Arbeitsmedium. Da auch die gemittelten Rauhtiefen bei K 30 stets um fast 100 % schlechter sind als die bei der Verwendung von Wasser, weist der Einsatz einer Kohlenwasserstoffverbindung auch hier keine Vorteile auf.

Bei beiden untersuchten Werkstückwerkstoffen ist der Einsatz eines Kohlenwasserstoff-Dielektrikums lediglich bei Werkstückgeometrien zu erwägen, die eine sehr enge Schnittspur erfordern. Aus wirtschaftlichen Gründen dürfte dabei der Einsatz auf kleine Werkstückhöhen beschränkt bleiben.

10. GEFÜGEBEEINFLUSSUNG AN FUNKENEROSIV GESCHNITTENEN WERKSTÜCKEN

Neben den Schnittraten, die für ein bestimmtes Bearbeitungsproblem die anfallenden Hauptzeiten bestimmen, wird die Leistungsfähigkeit des Verfahrens ferner durch die Ausbildung der Oberfläche charakterisiert. Dabei dürfen nicht nur die Oberflächenkennwerte Mittenrauhwert und gemittelte Rauhtiefe zur Beurteilung der Oberfläche herangezogen werden, sondern es muß auch die Metallurgie der randnahen Oberflächenzonen betrachtet werden, da diese das Standzeitverhalten der gefertigten Teile wesentlich beeinflußt.

10.1 Gefügebeeinflussung bei der Bearbeitung von Stahlwerkstoffen

Vom funkenerosiven Senken ist bekannt, daß die gewählte Entladeenergie die Ausdehnung und Ausbildung dieser randnahen Oberflächenzonen bestimmt /1,9,10,22,23,26,27/. Aufgrund verschiedener Besonderheiten, nicht zuletzt wegen der Verwendung unterschiedlicher Arbeitsmedien, sind die dort gefundenen Ergebnisse jedoch nicht direkt auf das funkenerosive Schneiden übertragbar.

Allerdings weist auch beim Schneiden bereits die Oberflächengestalt, die in Bild 19 an Hand von Rasterelektronenmikroskop-Aufnahmen des funkenerosiv geschnittenen Kaltarbeitsstahls X 210 Cr 12 dargestellt ist, darauf hin, daß die Speicherenergie des Kondensators und damit die Entladeenergie einen entscheidenden Einfluß auf die Oberflächenausbildung hat. Bei geringer Entladeenergie zeigen sich auf der Probenoberfläche relativ flache Krater (Bild 19a). Es kann jedoch nicht ausgeschlossen werden, daß aufgrund der geringen Vorschubgeschwindigkeit und der Verwendung von Wasser als Arbeitsmedium bei dem für die eingesetzte Generatorbauart typischen hohen Arbeitsspannungsniveau elektrochemische Nebenwirkungen die Oberfläche zusätzlich einebnen.

Die verstärkt auftretenden Schmelzperlen und Poren sowie die tieferen Krater in Bild 19b deuten darauf hin, daß die Oberfläche bei einer 10-fach größeren Entladeenergie deutlich stärker beeinflußt wird. Diese Oberflächenausbildung und die auf der Oberfläche haftenden Schmelzperlen lassen vermuten, daß ein großer Anteil des Werkstück- und auch des Werkzeugmaterials verdampft. Die kurzen stromintensiven Entladungen, die für das funkenerosive Schneiden charakteristisch sind, führen bevorzugt zu diesem auch aus anderen Untersuchungen /1,31/ bekannten Abtragverhalten des Werkzeug- und Werkstückmaterials.

Ein sichtbarer Kupferniederschlag auf der Oberfläche funkenerosiv geschnittener Werkstücke weist auf Materialübertragungsvorgänge zwischen Kupferdrahtelektrode und Werkstück hin, die sowohl während als auch nach Abbruch einer Entladung stattfinden /1/ und bei Einzelentladungen /32/ sowie bei Folgeentladungen /1/ festgestellt wurden. Es ist daher zu erwarten, daß sich in den aufgeschmolzenen und wiedererstarrten, randnahen Schichten des Werkstücks von der Werkzeugelektrode übertragenes Material nachweisen läßt.

Die Schliffbilder in Bild 20a-c lassen erkennen, daß sich die Breite der Randzone mit steigender Speicherenergie des Kondensators von durchschnittlich 6 μm bei W_K = 1,71 mJ auf ca. 18 μm bei W_K = 6,84 mJ erhöht. Die zunächst relativ gleichmäßige Oberflächenausbildung und Tiefe dieser Randschicht wird mit steigender Speicherenergie zunehmend unregelmäßiger. Härtemessungen in der Randschicht ergaben Werte zwischen $HV_5 \approx 300$ daN/mm^2 und $HV_5 \approx 2000$ daN/mm^2. Diese Härtewerte dürfen allerdings nur als qualitative Angaben gewertet werden, da es wegen der z.T. sehr schmalen Randschicht schwierig war, die geforderten Randabstände der Härteeindrücke einzuhalten; auch mußte die Prüfbelastung sehr klein gewählt werden, so daß sich schon durch kleine Fehler bei der Ausmessung der Härteeindrücke entsprechend große Härteunterschiede ergeben. Nur an einigen wenigen Stellen der Randschicht konnte die für diese Stahlsorte bei martensitischem Gefüge, in der Literatur /33/ angegebene, typische Härte $HV_5 = 950$ daN/mm^2 nachgewiesen werden.

Die großen Härteunterschiede in der Randschicht lassen vermuten, daß während des Erosionsprozesses aufgrund der hohen Temperaturen, der Verwendung von Wasser als Arbeitsmedium und der Materialübertragungsvorgänge verschiedene Vorgänge überlagert werden und nebeneinander ablaufen.

Die hohen Temperaturen führen zu einem örtlichen Aufschmelzen und sogar teilweisem Verdampfen von Werkzeug und Werkstückmaterial; dabei schmelzen auch die primären Karbideinschlüsse des im weichgeglühten Zustand vorliegenden Grundmaterials. Bei der anschließenden Abkühlung besteht die Möglichkeit, daß diese wieder als Metallkarbide erstarren, oder daß sich in ihrer unmittelbaren Umgebung ein martensitisches Gefüge mit den typischen Härtewerten ergibt.

Die hohen Temperaturen einer Funkenentladung dissoziieren aber auch das Arbeitsmedium in Sauerstoff und Wasserstoff; Knallgasreaktionen konnten daher in anderen Untersuchungen /13/ unter bestimmten Versuchsbedingungen nachgewiesen werden. Es kann angenommen werden, daß Wasserstoff mit dem in der Schmelze vorhandenen Kohlenstoff reagiert und sich zu Methan verbindet /24/. Dabei tritt, wie auch an anderer Stelle /34/ festgestellt wurde, eine Entkohlung der Randschicht auf. Die in der Randschicht verbleibende Fe-Cr-Legierung wäre wegen des hohen Chromgehaltes ggf. in Schliffen ähnlich schlecht anätzbar wie die primären Metallkarbide oder eine martensitische Randzone. Eine derartige Fe-Cr-Legierung müßte allerdings Härtewerte $HV_5 < 300$ daN/mm^2 aufweisen.

Andererseits ist durch den atomar vorliegenden Wasserstoff und die hohen Temperaturen eine Wasserstoffdiffusion in die Randschicht möglich, was eine Wasserstoffversprödung zur Folge haben kann. Eine Wasserstoffversprödung äußert sich um so stärker, je größer die Festigkeit, d.h. die Härte des Werkstoffs, ist. Im gehärteten, rein martensitischen Zustand hoher Festigkeit wäre die Versprödung am stärksten und zwar in Übereinstimmung mit der Tatsache, daß sich in einem solchen Zustand eine zusätzliche Versprödung besonders bemerkbar machen würde /24/. Bei tieferen Temperaturen ist eine Entkohlung der Randzone stets mit einer Wasserstoffversprödung verbunden, während eine oberflächliche Randentkohlung bei hohen Temperaturen auch ohne Wasserstoffversprödung vor sich gehen kann /24/.

In die Randschicht funkenerosiv geschnittener Werkstücke kann durch die Materialübertragungsvorgänge während der Entladung auch Kupfer von der Werkzeugelektrode gelangen. Dabei ist es möglich, daß sich Kupfer in Form von Tröpfchen in die Randschicht einlagert, ohne sich wesentlich mit dem Werkstückwerkstoff zu vermischen. Derartige Stellen der Randschicht müßten entsprechend weich sein. Da Werkzeugmaterial und Werkstückmaterial schmelzflüssig und z.T. sogar dampfförmig vorliegen, ist jedoch auch die Bildung einer Fe-Cr-C-Cu-Legierung denkbar. Dabei würde die der Entladung folgende Abschreckung durch das Arbeitsmedium zu einer Umwandlungshärtung führen, zumal das Kupfer die kritische Abkühlgeschwindigkeit verringert und damit die Härtbarkeit verbessert /24/.

Die großen Härten von $HV_5 = 2000$ daN/mm^2, die in der Randschicht nur dann nachgewiesen wurden, wenn unmittelbar an der Randschicht primäre Karbideinschlüsse M_7C_3 [(Fe,Cr) = M] des im weichgeglühten Zustand vorliegenden Grundmaterials heranreichen, bestätigen die Vermutung, daß derartige Metallkarbide durch die hohe Temperatur der Entladung zwar an- oder aufgeschmolzen, wegen der schnell nachfolgenden Abkühlung aber im wesentlichen wieder als Metallkarbide erstarrt sind. Wie durch spezielle Ätzung nachgewiesen werden konnte, ist in diesen Bereichen der Randschicht der Gehalt an Kupfer sehr gering.

Die anderen Bereiche der Randzone, in denen auch durch Ätzung Kupfer nachgewiesen werden konnte, zeigten Härten zwischen HV_5 = 300 daN/mm^2 und HV_5 = 700 daN/mm^2. Diese breite Streuung der Härtewerte läßt bei dem untersuchten Werkstückwerkstoff tatsächlich vermuten, daß in der Randschicht die oben beschriebenen Vorgänge überlagert und nebeneinander abgelaufen sind.

Risse in der Randzone sind bei der Verwendung von Wasser als Arbeitsmedium beim Kaltarbeitsstahl X 210 Cr 12 nicht festgestellt worden (Bild 21, links). Es kann angenommen werden, daß die nach einer Entladung auftretenden Spannungen durch Verformung der teilweise relativ weichen Randschicht ausgeglichen werden. Bei Verwendung eines Kohlenwasserstoff-Dielektrikums sind dagegen auch beim funkenerosiven Schneiden Risse in der Randschicht feststellbar (Bild 21, rechts). Da eine Entkohlung der Randschicht in der oben beschriebenen Art nicht auftreten kann, sondern sogar eine Aufkohlung durch Kohlenstoff aus dem Arbeitsmedium möglich ist, bildet sich diese vornehmlich martensitisch aus und ist, wie Messungen bestätigten, entsprechend härter. Die durch die Erwärmungs- und Abkühlungsvorgänge während und nach einer Entladung auftretenden Spannungszustände in der Randschicht führen daher hier unvermeidlich zur Rißbildung.

10.2 Gefügebeeinflussung bei der Bearbeitung von Hartmetall

Bei den untersuchten Stahlwerkstoffen ist eine ggf. auftretende elektrochemische Beeinflussung der Randzone, die sowohl zwischen den Entladungen in der Entladungszone selbst als auch in einem weiten Bereich hinter der Drahtelektrode stattfinden kann, nur schwer nachweisbar (Bild 22). Da die Randzone eine weitgehend homogene Schicht bildet, die auch kaum von Rissen durchbrochen wird, könnte auf einen demzufolge weitgehend gleichmäßig an der gesamten Oberfläche stattfindenden elektrochemischen Abtrag nur indirekt an Hand der veränderten Oberflächenwerte (R_a,R_z) geschlossen werden.

Bei Werkstoffen, deren Randzone häufig von Rissen durchbrochen wird und deren Grundgefüge aus zwei elektrochemisch stark unterschiedlich löslichen Komponenten besteht, sind dagegen elektrochemisch bedingte, über die Randzone hinausgehende Oberflächenbeeinflussungen feststellbar. So treten z.B. bei funkenerosiv geschnittenen Hartmetallwerkstücken neben der vom funkenerosiven Senken hinreichend bekannten Randzone /9/ elektrochemische Beeinflussungen der darunter liegenden Kobaltbindephase des Grundgefüges auf. Diese bevorzugte Auflösung der Kobaltbindephase hat ihre Ursache in dem deutlich höheren spezifischen Abtragvolumen für Kobalt ($V_{sp\ Co}$ = 2,071 mm^3/A min) gegenüber dem von Wolfram ($V_{sp\ W}$ = 0,987 mm^3/A min). Die homogene Randzone, in der die Wolframkarbide gelöst sind, wird entsprechend den beiden Komponenten je nach prozentualer Zusammensetzung der bearbeiteten Hartmetalle ein theoretisches spezifisches Abtragvolumen zwischen 1,043 und 1,254 mm^3/A min aufweisen, das damit zwischen den Werten von Kobalt und Wolfram liegt /35/. Da sich die Randzonen damit langsamer auflösen als Kobalt, üben diese auf die darunterliegende Kobaltbindephase des Grundgefüges eine gewisse "Schutzwirkung" aus. Die Breite der aus dem Schmelzfluß erstarrten Randzone und damit die Schutzwirkung wächst mit steigendem Kobaltgehalt der Hartmetallsorten. Der elektrochemische Angriff des Grundgefüges geht dabei annäherungsweise halbkugelförmig nur von Rissen aus, die die Randzone durchbrechen. Mit dem Kobaltgehalt vergrößert sich auch das abzutragende Volumen, wodurch sich die Tiefe der elektrochemischen Beeinflussung zusätzlich verringert. Die Rißempfindlichkeit der Hartmetallsorten, die i.a. mit fallendem Kobaltgehalt zunimmt /9/, vergrößert dagegen die Anzahl der Ausgangspunkte für einen elektrochemischen Angriff entsprechend.

Neben diesen werkstoffbedingten Einflüssen treten hinsichtlich der Oberflächenbeeinflussung vor allem die elektrischen Einstellparameter in Erscheinung; dabei kann durch eine geeignete Wahl dieser Parameter eine Minimierung der beeinflußten

Zone erzielt werden. Die Auswahl der Parameter muß daher unter spezieller Berücksichtigung der aus der Elektrochemie bekannten, in Gleichung (9) und (10) erfaßten Zusammenhänge erfolgen.

$$V = V_{sp\,Co} \cdot i \cdot t \cdot \eta_i \qquad (9)$$

wobei

$$i = \frac{U \cdot \varkappa \cdot A}{s} \qquad (10)$$

Nach diesen Gleichungen ist das abgetragene Volumen V proportional dem Strom i und der Eingriffszeit t, wobei die Größe des Stromes ihrerseits wiederum proportional der zwischen Werkzeug und Werkstück anliegenden Spannung U, der Leitfähigkeit $\varkappa$ des Arbeitsmediums, der Elektrodeneingriffsfläche A und umgekehrt proportional der Spaltweite s ist.

Die tendenziellen Abhängigkeiten der Randzonenausbildung von den für den Prozeß des funkenerosiven Schneidens relevanten elektrischen Parametern Entladeenergie, Entladefrequenz, mittlere Arbeitsspannung und Leitfähigkeit des Arbeitsmediums, die in Bild 23a-h an Hand von charakteristischen Schliffbildern dargestellt sind, lassen sich weitgehend mit den obengenannten Zusammenhängen erklären.

Eine Verkleinerung der Entladeenergie führt zu einer Verringerung der Oberflächenbeeinflussung (Bild 23a,b). Da bei den untersuchten Entladeenergien die Entladefrequenz und die mittlere Arbeitsspannung, die den für das elektrochemisch abgetragene Volumen verantwortlichen Strom i entscheidend bestimmt, konstant gehalten wurden, ist eigentlich auch eine konstante elektrochemische Oberflächenbeeinflussung zu erwarten. Allenfalls könnte durch das Absinken der Schnittrate mit verkleinerter Entladeenergie und durch die damit längere Eingriffszeit eine verstärkte Oberflächenbeeinflussung auftreten. Die aus dem Schmelzfluß erstarrte Randzone bildet sich jedoch bei kleiner Entladeenergie weitgehend geschlossen und gleichmäßig sowie ggf. auch mit kleineren Rissen aus und kann so ihre Schutzwirkung voll entfalten, während sie sich bei höherer Entladeenergie ungleichmäßiger ausbildet, an einigen Stellen weitgehend fehlt und häufiger von Rissen durchzogen wird. Erst bei sehr kleinen Entladeenergien (< 1 mJ) kann wieder ein verstärkter elektrochemischer Angriff der Kobaltbindephase beobachtet werden, weil sich die aus dem Schmelzfluß erstarrte Randzone hier so dünn ausbildet, daß sie an vielen Stellen gänzlich elektrochemisch abgetragen werden kann und somit ihre Schutzwirkung verliert.

Der verstärkt auftretende elektrochemische Angriff bei reduzierter Entladefrequenz (Bild 23c,d) kann direkt auf den mit Gleichung (9) angegebenen Zusammenhang zurückgeführt werden. Wird nämlich bei einer konstanten Entladeenergie die Entladefrequenz durch Vergrößern der Pausendauer verkleinert, sinkt die Schnittrate entsprechend und die das elektrochemisch abgetragene Volumen V bestimmende Eingriffszeit t vergrößert sich, da durch die verlängerte Pausendauer während eines längeren Zeitraumes die Ladespannung am Arbeitsspalt ansteht und den elektrochemischen Angriff der Kobaltbindephase so vergrößert. Zur Minimierung des elektrochemischen Angriffs sollte daher eine möglichst hohe Entladefrequenz angestrebt werden.

Eine erhöhte Arbeitsspannung fördert nach Gleichung (10) ebenfalls einen elektrochemischen Angriff der Kobaltbindephase, da die Höhe der mittleren Arbeitsspannung die Größe des Stromes i bestimmt, die dem elektrochemisch abgetragenen Volumen proportional ist (Bild 23e,f). Hinzu kommt, daß diese erhöhte mittlere Arbeitsspannung durch eine Reduzierung der Vorschubgeschwindigkeit erzielt wird und damit wiederum auch eine Vergrößerung der Eingriffszeit t verbunden ist.

Der Leitfähigkeit des Arbeitsmediums muß gerade beim funkenerosiven Schneiden von Hartmetall besondere Beachtung geschenkt werden, da sich die entstehenden Abtragprodukte auf die Ausgangsleitfähigkeit des aufbereiteten Arbeitsmediums in der Schnittspur bei diesem Werkstoff besonders stark leitwerterhöhend auswirken /25/. Mit der Leitfähigkeit $\varkappa$ des verwendeten Arbeitsmediums erhöht sich bei konstanter mittlerer

Arbeitsspannung ebenfalls die Höhe des Stromes i; Bild 23g,h bestätigt diesen Zusammenhang an Hand der elektrochemisch bedingten Oberflächenbeeinflussung eindeutig. Auffällig ist, daß bei einer Leitfähigkeit des Arbeitsmediums von 100 μS/cm die aus dem Schmelzfluß erstarrte Randzone fehlt. Sie ist offensichtlich aufgrund der sehr hohen Leitfähigkeit des Arbeitsmediums gänzlich elektrochemisch aufgelöst worden, so daß auch die Kobaltbindephase auf der gesamten Schnittfläche bis in eine bestimmte Tiefe elektrochemisch angegriffen werden konnte.

Die Rasterelektronenmikroskop-Aufnahmen in Bild 24a,b bestätigen diese Überlegungen. Während in Bild 24a bei einer Leitfähigkeit $\varkappa = 10$ μS/cm deutlich die aus dem Schmelzfluß erstarrte Randzone sichtbar ist und die elektrochemische Beeinflussung der Kobaltbindephase bevorzugt von Rissen ausgeht, zeigt sich in Bild 24b bei einer Leitfähigkeit $\varkappa = 100$ μS/cm nur eine bruchstückhaft erhaltene Randzone. Die darunterliegende Kobaltbindephase ist so stark angegriffen, daß aus der gesamten Schnittfläche deutlich die elektrochemisch weniger leicht löslichen, eckigen Wolframkarbide herausragen.

Nicht in die Betrachtung einbezogen wurde die Auswirkung der Schnittspur, obwohl diese nach Gleichung (10) die Höhe des Stromes i und damit die Ausbildung der Oberfläche mitbestimmt. Da sich jedoch mit der Ausbildung der Schnittspur auch verschiedene Prozeßparameter verändern, kann ihre Auswirkung schwer eindeutig einer bestimmten Oberflächenbeeinflussung zugeordnet werden.

Theoretisch ist eine Vermeidung dieser Art der Oberflächenbeeinflussung bei anodischer Werkstückpolung beim Einsatz eines statischen Impulsgenerators mit spannungsfreien Pausen möglich. Da jedoch nicht jeder Spannungsimpuls ohne Zündverzögerung zu einer Entladung führt, ist aber auch bei dieser Generatorbauart eine Oberflächenbeeinflussung der oben beschriebenen Art zu erwarten, obwohl diese wegen des niedrigen Spannungsniveaus geringer ist. Grundsätzlich besteht ferner die Möglichkeit, die Oberflächenbeeinflussung durch eine kathodische Werkstückpolung zu vermeiden. Bild 25a zeigt eine derartige, mit überwiegend (schwingende Entladung) kathodischer Polung geschnittene Hartmetallprobe. Als besonders nachteilig erweist sich dabei jedoch, daß mit dieser Polung nur eine auf 20 % reduzierte Schnittrate erzielt werden kann. Dieses ungünstigere Abtragverhalten ist vom funkenerosiven Senken bekannt /1,9/. Negativ zu bewerten ist ferner die starke Verkupferung der geschnittenen Oberfläche bei dieser Polung.

Durch Verwendung eines nichtleitenden Kohlenwasserstoff-Dielektrikums kann die elektrochemisch bedingte Oberflächenbeeinflussung ebenfalls gänzlich vermieden werden (Bild 25b). Nachteilig ist dabei jedoch wiederum, daß nur eine sehr geringe Schnittrate realisiert werden kann, da schon eine relativ geringe Entladefrequenz zum Drahtbruch führt.

Es ist jedoch denkbar, daß sich beim Einsatz eines statischen Impulsgenerators und unter Verwendung eines geeigneten Dielektrikums diese Nachteile wenigstens teilweise kompensieren lassen.

11. FORM- UND MASSFEHLER BEIM FUNKENEROSIVEN SCHNEIDEN

Die Leistungsfähigkeit des Verfahrens wird, außer durch die bereits diskutierten hauptzeitbestimmenden Faktoren und die Oberflächenausbildung, wesentlich durch die erzielbare Genauigkeit charakterisiert. Dabei läßt sich die Genauigkeit durch die Abweichungen der funkenerosiv geschnittenen Werkstückkontur von der programmierten Sollkontur bestimmen. In Bild 26 wird versucht einen Überblick über die beim funkenerosiven Schneiden auftretenden Fehler zu geben, die in prozeßunabhängige und prozeßabhängige unterteilt worden sind. Im folgenden sollen die darüber hinaus im Bild angegebenen Ursachen für die Fehler sowie die Möglichkeiten zu ihrer Vermeidung oder Verminderung aufgezeigt und erläutert werden.

11.1 Prozeßunabhängige Fehler beim funkenerosiven Schneiden

Zu den prozeßunabhängigen Fehlern zählen der "Positionsfehler" und der "Lagefehler".

Unter Positionsfehler soll dabei die Differenz zwischen dem Positionswert (theoretisches Maß) und dem am Werkstück gemessenen, effektiven Maß verstanden werden. Dieser Positionsfehler entsteht einerseits durch den Positioniervorgang, durch den der Startpunkt für die nachfolgenden Arbeitsschritte festgelegt wird. Bei diesem Vorgang werden durch Anfahren von definierten Werkstückseiten an den Draht mittels elektrischem Kontakt die Koordinaten des Startpunktes festgelegt. Zur Erzeugung eines sicheren elektrischen Kontaktes muß am Berührpunkt eine, wenn auch sehr geringe, mechanische Kraft aufgebracht werden, die zu einer Auslenkung des Drahtes und somit zu einem Fehler führt. Dieser Fehler kann auf ein Minimum reduziert werden, indem der Positioniervorgang mit einer möglichst hohen Drahtspannkraft ausgeführt wird. Als weitere Ursachen für den Positionsfehler kommen Steigungsfehler der Spindeln der Kreuztische sowie Temperaturschwankungen, die zu Wärmedehnungen führen, in Betracht. Die Auswirkungen dieser beiden Ursachen auf den Positionsfehler sind jedoch gering; sie können ferner durch eine Kompensation der Spindelsteigungsfehler mittels der Steuerung sowie durch Aufstellen der Maschine in klimatisierten Räumen minimiert werden. Der "Lagefehler" ist konstruktionsbedingt. Er entsteht durch eine Verlagerung des im unbelasteten Zustand horizontalen Aufspanntisches und ist in erster Linie abhängig vom Gewicht des Werkstückes und von der Kraglänge des Y-Schlittens.

11.2 Prozeßabhängige Fehler beim funkenerosiven Schneiden

Zu den prozeßabhängigen Fehlern, die auch Gegenstand der bisher durchgeführten Untersuchungen sind, zählen dagegen die "Bauchung", die "Konizität" der Schnittspur sowie "Spurweitenänderungen" (Bild 26).

11.2.1 Bauchung

Die "Bauchung" (Bild 6) ist ein Profilfehler, der beim funkenerosiven Schneiden speziell bei größeren Werkstückhöhen störend in Erscheinung tritt. Die Untersuchungen über das Auftreten und über die Möglichkeiten zur Verminderung dieses Fehlers sind nur an 50 mm hohen Werkstücken des Kaltarbeitsstahls X 210 Cr 12 durchgeführt worden. Da der Werkstoff des Werkstückes die Erodierbarkeit (vgl. Kap.7.2) erheblich beeinflußt, muß auch mit Auswirkungen des Werkstückwerkstoffes auf die Ausbildung der Bauchung gerechnet werden, so daß die von den durchgeführten Untersuchungen gelieferten Aussagen nur qualitativ auf andere Werkstückmaterialien übertragbar sind.

Als Ursachen für das Auftreten der Bauchung kommen in Betracht:

1. Drahtschwingungen und
2. über der Werkstückhöhe unterschiedliche Spülbedingungen.

Drahtschwingungen werden durch die folgenden sich während des Erosionsprozesses überlagernden Kräfte induziert /13/:

1. Kräfte als Folge elektrostatischer Felder
2. Kräfte als Folge elektromagnetischer Felder
3. Kräfte als Folge der Spülung
4. Kräfte als Folge der Oberflächenspannung des Arbeitsmediums
5. Kräfte als Folge der Entladungen.

Von diesen Kräften üben vor allem die elektrostatischen Kräfte (1) und die Entladungskräfte (5) den entscheidenden Einfluß auf das Schwingungsverhalten des Drahtes beim Erodieren aus. Durch die elektrostatischen Kräfte wird der Draht zum Werkstück hin ausgelenkt; durch die Kräfte infolge von Entladungen wird der Draht dagegen vom Werkstück abgestoßen.

Zur Bestimmung der elektrostatischen Kräfte, die in der Schnittspur auf den Draht wirken, sind Kenntnisse über die Potentialverteilung Voraussetzung. Die Form am Abschluß der

Schnittspur kann zwar angenähert als zylindrisch angenommen werden, in Wirklichkeit wird sie jedoch vom Erosionsprozeß bestimmt. Eine Beschreibung des Feldes durch einen geschlossenen analytischen Ausdruck ist daher in Unkenntnis der genauen Kontur nicht möglich. Eine Bestimmung der Potentiallinien auf leitfähigem Papier und eine numerische Näherungslösung unter der Randbedingung eines zylindrischen Abschlusses der Schnittspur ist von **Panschow** /13/ durchgeführt worden und erbrachte eine gute Abschätzung der Kräfte in Schnittrichtung. Den elektrostatischen Kräften in Schnittrichtung wirken je nach Wahl von Entladefrequenz und Entladeenergie Entladungskräfte entgegen, die die Auslenkung des Drahtes in Schnittrichtung kompensieren können (vgl. Kap.11.3). Im Hinblick auf die Bauchung treten Kräfte und daraus resultierende Schwingungen der Drahtelektrode in Schnittrichtung nicht störend in Erscheinung.

Für die Berechnung der Kräfte quer zur Schnittrichtung ist kein exakter Ausdruck bekannt /13/. Die Kräfte quer zur Schnittrichtung lassen sich jedoch wie folgt abschätzen: Für den Fall Draht im Anschnitt ergibt sich nach **Panschow** folgende Gleichung für die Streckenlast g_1 auf den Draht:

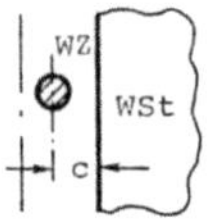

$$\Rightarrow g_1 = \frac{\varepsilon_r \cdot \varepsilon_o \cdot U^2 \cdot \pi}{\frac{d}{2}\sqrt{\left(\frac{2c}{d}\right)^2 - 1} \cdot \ln^2\left[\frac{2c}{d} + \sqrt{\left(\frac{2c}{d}\right)^2 - 1}\right]} \tag{11}$$

Für die Streckenlast auf den Draht würde sich bei einer gegenüberliegenden Wand und einem Abstand des Drahtmittelpunktes $(s_m - c)$ die folgende, entgegengesetzt gerichtete Streckenlast $-g_2$ ergeben:

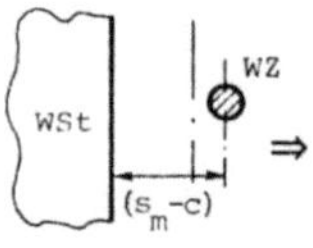

$$\Rightarrow -g_2 = -\frac{\varepsilon_r \cdot \varepsilon_o \cdot U^2 \cdot \pi}{\frac{d}{2}\sqrt{\frac{2(s_m-c)^2}{d} - 1} \cdot \ln^2\left[\frac{2(s_m-c)}{d} + \sqrt{\frac{2(s_m-c)^2}{d} - 1}\right]} \tag{12}$$

Die Superposition beider Gleichungen ergibt eine Resultierende, die eine Abschätzung der elektrostatischen Kräfte auf den Draht quer zum Spalt zuläßt:

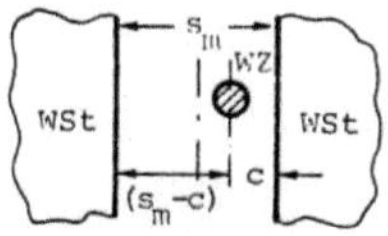

$$\Rightarrow \quad \Sigma g = g_1 - g_2 \qquad (13)$$

Aus Gleichung (11-13) ist leicht erkennbar, daß sich die elektrostatischen Kräfte quer zur Schnittrichtung aufheben, wenn sich die Drahtelektrode exakt in der Mitte der Schnittspur befindet, d.h. $c = 1/2\ s_m$ wird.

Auch die Entladungskräfte können bei den im Vergleich zur Eigenfrequenz der Drahtschwingungen hohen Entladefrequenzen als ausgeglichen angenommen werden. Erst eine von außen herbeigeführte Auslenkung der Drahtelektrode, z.B. durch Unregelmäßigkeiten bei der Drahtablaufbewegung oder durch Kräfte als Folge der Spülung, führt zu Störungen dieser Kräftegleichgewichte, was in Bild 27 schematisch aufgezeigt ist. Steigt die Kraft aufgrund elektrostatischer Felder mit der Auslenkung des Drahtes stärker an als die durch die Drahtspannkraft bewirkte rücktreibende Kraft, so hat der Draht in der Mitte der Schnittspur nur eine labile Gleichgewichtslage. Dies wird von bestimmten Auslenkungen ab stets der Fall sein, da die auf den Draht infolge elektrostatischer Felder wirkende Streckenlast mit verkleinertem Abstand zu einer Werkstückwand hyperbolisch ansteigt.

Bei dem Gleichgewicht durch Entladungskräfte handelt es sich dagegen um ein stabiles. Nähert sich die Drahtelektrode einer Werkstückwand, so kommt es hier durch die Verringerung des Abstandes lokal zu einer verminderten Durchschlagfestigkeit und damit bevorzugt zu Entladungen, die mit ihren Kraftwirkungen der Auslenkung des Drahtes ebenso wie die Kräfte infolge der Drahtspannkraft entgegenwirken. Die Entladungskräfte üben demnach eine "zentrierende" Wirkung auf die Drahtelektrode aus.

Die Schwingung der Drahtelektrode quer zur Schnittrichtung und damit die Bauchung kann daher durch die Wahl der elektrischen und einiger mechanischer Parameter wie z.B. Drahtspannkraft sowie durch Störkräfte, vor allem infolge der Spülung, beeinflußt werden.

Die Kräfte als Folge elektromagnetischer Felder können dagegen i.a. vernachlässigt werden, da sie wesentlich geringer sind und erst beim Einsatz höherer Ströme in Erscheinung treten würden; außerdem nehmen sie mit steigender Entladefrequenz ab /13/. Die Kräfte als Folge der Oberflächenspannung des Arbeitsmediums verdienen mehr Beachtung, allerdings müssen sie als unvermeidbar angesehen werden, da es bisher noch nicht gelungen ist, ein für das funkenerosive Schneiden geeignetes Arbeitsmedium mit geringerer Oberflächenspannung zu entwikkeln; so scheiterte z.B. auch das Zusetzen von Tensiden zum Wasser, da diese sich zu stark leitwerterhöhend auswirkten.

Als zweite Ursache für das Auftreten der Bauchung wurden über der Werkstückhöhe unterschiedliche Spülbedingungen genannt, die dadurch hervorgerufen werden, daß das Arbeitsmedium der Bearbeitungsstelle durch zwei zur Drahtelektrode koaxiale Spülstrahlen zugeführt wird. Durch diese Spülkonfiguration stellt sich über der Höhe der engen Schnittspur eine unterschiedliche Verteilung der Verschmutzung und der Leitfähigkeit des Arbeitsmediums ein. An den Stellen höherer Verschmutzung und Leitfähigkeit - je nach Durchsatz in den Spülstrahlen mehr oder weniger in Werkstückmitte - ist zum einen die Durchschlagfestigkeit des Arbeitsmediums geringer, was bevorzugt an diesen Stellen zu Entladungen und somit zu einer größeren lokalen Schnittspur führt, zum anderen wird durch elektrochemische Nebenwirkungen aufgrund der unterschiedlichen Leitfähigkeitsverteilung über der Höhe der Schnittspur die Ausbildung der Bauchung gefördert. Da die Breite der Schnittspur, die Durchschlagfestigkeit aufgrund unterschiedlicher Größe der Abtragpartikel und die Leitfähigkeit des Arbeitsmediums in der Schnittspur /25/ werkstoffabhängig sind, können die an 50 mm hohen Werkstücken des Kaltarbeitsstahls X 210 Cr 12 durchgeführten Untersuchungen für andere Werkstoffe nur qualitative Anhaltspunkte für die absolute Größe der Bauchung liefern, auch sind die hier gefundenen optimalen Einstellbedingungen nicht direkt auf andere Werkstoffe übertragbar.

11.2.1.1 Einfluß der elektrischen Einstellparameter auf die Bauchung

Da die Bauchung in erster Linie von Drahtauslenkungen verursacht wird, muß zunächst das Schwingungsverhalten der Drahtelektrode betrachtet werden.

Charakterisiert wird das Schwingungsverhalten der Drahtelektrode im wesentlichen durch die Eigenfrequenz ω_0. Bild 28 zeigt die mittels eines induktiven Meßsystems direkt auf der Anlage erfaßten Eigenfrequenzen verschiedener Drahtelektroden in Abhängigkeit von der Rachenweite l mit der Drahtspannkraft F als Parameter. Da die ablaufende Drahtelektrode einer eingespannten Saite ähnlich ist, kann mit guter Näherung zur theoretischen Bestimmung der Eigenfrequenz die aus der Differentialgleichung der schwingenden Saite entwickelte Formel (14) herangezogen werden /13/:

$$\omega_0 = 2 \cdot \pi \cdot f = \frac{\pi}{l_A} \sqrt{\frac{F}{\pi\, r^2 \varrho}} \qquad (14)$$

Nach dieser Gleichung beeinflußt bei konstantem Drahtdurchmesser neben der Einspannlänge l_A und der Drahtspannkraft F nur die Dichte ϱ des Drahtmaterials die Eigenfrequenz. Tatsächlich konnte unter Berücksichtigung, daß die eingestellte Rachenweite l um etwa 10 mm kleiner ist als die Einspannlänge l_A der Drahtelektrode, zwischen den gemessenen und den nach der Gleichung (14) berechneten Werten eine gute Übereinstimmung festgestellt werden. Entsprechend der Gleichung muß bei den gemessenen Werten in Bild 28 die Eigenfrequenz mit steigender Drahtspannkraft und abnehmender Einspannlänge zunehmen. Am Beispiel der im Bild ebenfalls dargestellten Eigenfrequenz eines Wolframdrahtes ist deutlich der Einfluß der Dichte ablesbar; die gegenüber Kupfer um ca. das Doppelte größere Dichte von Wolfram verringert die Eigenfrequenz entsprechend.

Die Versuche zeigten an Hand von Oszillogrammen ferner, daß selbst bei großen Einspannlängen und relativ hohen Drahtzugkräften nur eine geringe Neigung zur Bildung von Oberschwingungen mit den Frequenzen n · ω_0 besteht. Eine Anregung der Drahtelektrode durch Entladungen mit Resonanzfrequenz kann daher wegen der üblicherweise um mehr als eine Zehnerpotenz höheren Entladefrequenzen ausgeschlossen werden. Trotzdem konnten Drahtschwingungen mit Eigenfrequenz während des Erosionsprozesses sowohl in Schnittrichtung als auch quer zur Schnittrichtung festgestellt werden /13/. Dabei handelt es sich jedoch wahrscheinlich um mehr oder weniger zufällige Randerscheinungen. Weit häufiger dürften aufgrund von statistisch verteilten Entladungen unregelmäßige Drahtauslenkungen auftreten /13,14/.

Ein Einfluß verschiedener elektrischer Parameter auf die Drahtauslenkungen und damit auf die Ausbildung der Bauchung ist jedoch vor allem bei ungünstiger Wahl der Einstellparameter in starkem Maße vorhanden. Nach Gleichung (11) beeinflußt vor allem die Höhe der mittleren Arbeitsspannung die auf den Draht wirkende Streckenlast infolge elektrostatischer Kräfte. Die Entladefrequenz und die Entladeenergie bestimmen dagegen die Größe der zentrierend wirkenden Entladekräfte. Bild 29 zeigt daher, daß die Bauchung mit steigender mittlerer Arbeitsspannung wächst. Die Vergrößerung der mittleren Arbeitsspannung wird dabei durch eine Reduzierung der Vorschubgeschwindigkeit erreicht, was gleichzeitig ein Absinken der Entladefrequenz und der Schnittrate bewirkt; die mittlere Schnittspur vergrößert sich aufgrund des ansteigenden Spannungsniveaus leicht. Demzufolge können mehrere Ursachen für den starken Anstieg der Bauchung angeführt werden: Mit steigender mittlerer Arbeitsspannung nehmen die auf den Draht wirkenden elektrostatischen Kräfte und damit die Auslenkung des Drahtes nach von außen herbeigeführten Störungen zu /13, 36/; auch die geringe Vergrößerung der Schnittspur kann diesen Effekt nicht kompensieren. Gleichzeitig nimmt die zentrierende Wirkung der Kräfte als Folge von Entladungen ab, da in erster Näherung davon ausgegangen werden kann, daß die Entladungskräfte bei konstanter Entladeenergie sich proportional zur Entladefrequenz verhalten /17/.

Ein ursächlicher Zusammenhang zwischen Bauchung und Leistungsverhalten, charakterisiert durch die Schnittrate, besteht nur insofern, als sich durch die langsame Vorschubgeschwindigkeit an den Stellen höchster Verschmutzung und Leitfähigkeit des Arbeitsmediums, also mehr oder weniger in Werkstückmitte, eine verstärkte seitliche Ausfunkwirkung sowie, begünstigt auch durch das höhere Spannungsniveau, ein vermehrter elektrochemischer Abtrag bemerkbar machen können. Die Bedeutung des letztgenannten Effektes gegenüber den Wirkungen der Kräfte und der Ausfunkwirkung ist jedoch, wie später noch nachgewiesen wird, gering, so daß das Augenmerk bei der Erzielung einer geringen Bauchung auf eine möglichst hohe Entladefrequenz und niedrige mittlere Arbeitsspannung gerichtet sein sollte. Letztere kann bei Einsatz eines entladeseitig ungesteuerten Relaxationsgenerators jedoch, bedingt durch die auch am Arbeitsspalt anliegende Ladespannung, nicht beliebig reduziert werden; erst der Einsatz eines geeigneten statischen Impulsgenerators würde ein erheblich niedrigeres Spannungsniveau und somit eine weitgehende Vermeidung elektrostatischer Kräfte erlauben. Die jüngsten Entwicklungen von Generatoren für Schneidanlagen tragen bereits dieser Abhängigkeit Rechnung und sind tatsächlich als statische Impulsgeneratoren ausgelegt.

Die Speicherenergie des Entladekondensators und damit die Entladeenergie ist ein weiterer elektrischer Parameter, der einen, wenn auch bei unveränderter Arbeitsspannung nicht ganz so starken Einfluß auf die Größe der Bauchung ausübt. Diese Abhängigkeit ist besonders praxisrelevant, da die Größe der Speicherenergie die Höhe der Schnittrate und die Oberflächenqualität entscheidend bestimmt. Es zeigt sich in Bild 30, daß die Bauchung mit steigender Speicherenergie bis auf ein Minimum fällt und bei Speicherenergien größer als 3,4 mJ wieder ansteigt. Da sich die Schnittspur nur geringfügig mit der Speicherenergie verändert und die mittlere Arbeitsspannung konstant gehalten wurde, können auch weitgehend konstante elektrostatische Kräfte auf den Draht angenommen werden. Als Ursache für die verschieden großen Bauchungen können daher die unterschiedlich stark zentrierend wirkenden Kräfte als Folge von Entladungen angesehen werden.

Aus anderen Untersuchungen /1/ ist bekannt, daß die Kraft als Folge einer Entladung annähernd proportional mit der Größe des Entladestromes anwächst; der Einfluß der Entladedauer ist dagegen vernachlässigbar gering. Da sich eine vergrößerte Speicherenergie des Kondensators nicht ausschließlich in einem entsprechenden Anstieg des Entladestromes niederschlägt, sondern sich auch in einer Verlängerung der Entladedauer bemerkbar macht, kann mit steigender Speicherenergie kein proportionaler, sondern nur ein degressiver Anstieg der Entladekräfte auftreten. Da sich die Summe der auf die Drahtelektrode wirkenden Entladekräfte proportional dem Produkt aus Entladefrequenz und Entladestrom verhält, ist der Verlauf der Bauchung über der Speicherenergie verständlich. Zunächst nehmen die Kräfte als Folge von Entladungen trotz fallender Entladefrequenz mit steigender Speicherenergie des Kondensators zu, und wegen der zentrierenden Wirkung dieser Kräfte nimmt die Bauchung entsprechend ab. Bei einer Speicherenergie größer als 3,4 mJ werden die Kräfte als Folge von Entladungen jedoch wieder kleiner, weil die maximal zulässige Entladefrequenz geringer wird und der Anstieg des Entladestromes mit weiter steigender Speicherenergie zunehmend degressiv verläuft; die Bauchung muß sich in diesem Bereich also wieder vergrößern.

Neben diesen auf die Drahtelektrode wirkenden Kräften werden sich auch hier entsprechend der Vorschubgeschwindigkeit eine mehr oder weniger starke Ausfunkwirkung und entsprechende elektrochemische Nebenwirkungen bemerkbar machen. Positiv ist dabei, daß die minimale Bauchung mit der maximalen Schnittrate zusammenfällt; andererseits können optimale Oberflächengüten nie zusammen mit minimaler Bauchung erzielt werden.

11.2.1.2 Einfluß mechanischer Einstellparameter auf die Bauchung

Neben den elektrischen Parametern üben auch einige mechanische Einstellbedingungen einen nicht unerheblichen Einfluß auf die Ausbildung der Bauchung aus, da gerade durch diese den Kräften infolge elektrostatischer Felder entgegengesetzt gerichtete Kräfte auf den Draht aufgebracht werden können. Auch kann eine ungünstige Wahl einiger Parameter, vor allem der Spülung, Auslenkungen der Drahtelektrode von außen herbeiführen, so daß der Gleichgewichtszustand der Kräfte, der bei zentrischer Lage des Drahtes in der Schnittspur vorliegt, gestört wird und daher Drahtschwingungen auftreten. Als mechanische Einstellparameter, die für die Ausbildung der Bauchung bestimmend sein könnten, wurden bei konstanten elektrischen Einstellbedingungen die Rachenweite, die Drahtspannkraft und die Durchsätze in den Spülstrahlen untersucht.

Die Rachenweite wird im Hinblick auf eine maximale Schnittrate im allgemeinen möglichst eng gewählt, d.h. die Abstände zwischen Werkstück und Spüldüse betragen jeweils nur weniger als 5 mm. Eine Vergrößerung dieser Abstände führt zu einem leichten Abfall der Schnittrate, der aus einer Vergrößerung der Schnittspur und damit des abzutragenden Volumens resultiert (Bild 31). Dieser Anstieg der Schnittspur wird dadurch verursacht, daß sich die Auslenkungen des Drahtes mit steigender Einspannlänge erhöhen, auch wenn die auf den Draht wirksamen Kräfte gleich bleiben /37/. Die trotzdem zu verzeichnende Verkleinerung der Bauchung mit einer Vergrößerung der Rachenweite wird in erster Linie durch den bei großer Einspannlänge größeren Krümmungsradius des ausgelenkten Drahtes verursacht. Hinzu kommt, daß sich durch die vergrößerte Schnittspur die Spülverhältnisse verbessern, was zu einer gleichmäßigeren Verteilung der Entladungen über der Höhe der Schnittspur und zu geringeren elektrochemischen Nebenwirkungen führt.

Die Drahtspannkraft beeinflußt ebenfalls Schnittrate, Schnittspur und Bauchung. Bild 32 zeigt, daß sich die Schnittrate mit steigender Drahtspannkraft vergrößert, zurückzuführen ist dies wiederum auf die sich entsprechend verkleinernde Schnittspur, wodurch erheblich weniger Material abgetragen werden muß. Die Schnittspur verkleinert sich ebenso wie die Bauchung, weil die steigende Drahtspannkraft den Erosionskräften stärkere Rückstellkräfte entgegensetzt /29/. Die Drahtspannkraft kann jedoch nicht beliebig vergrößert werden, weil die mechanischen Eigenschaften des Drahtes Grenzen setzen, und weil mit steigender Drahtspannkraft die thermische Belastbarkeit des Drahtes abnimmt.

Die Durchsätze in den Spülstrahlen sind als weitere mechanische Einstellparameter untersucht worden, da falsche Einstellungen der Durchsätze sich aus verschiedenen Gründen ungünstig auswirken können. Eine falsche Einstellung kann einerseits wegen mangelhafter Spülbedingungen zu einer ungleichmäßigen Verteilung der Abtragpartikel und damit wegen der entsprechenden Durchschlagbedingungen zu einer über der Werkstückhöhe unterschiedlichen Aufweitung der Schnittspur führen; andererseits können speziell bei starker Spülung Kraftwirkungen auf den Draht auftreten /12/, die diesen auslenken und zu Schwingungen anregen. Die Wahl geeigneter Spülbedingungen ist daher stets ein Kompromiß; Voraussetzung für möglichst kleine Querkräfte durch die Spülstrahlen ist dabei allerdings das exakte, koaxiale Ausrichten der Spülstrahlen zur Drahtelektrode.

Um die Einflüsse der Spülung näherungsweise beurteilen zu können, wurden die Strömungsverhältnisse in der Schnittspur an einem maßstäblichen Plexiglas-Modell (Bild 33) direkt auf der Schneidanlage simuliert. Mittels eines geeigneten Farbstoffes, der sich durch die Prüfbohrungen zuführen ließ, konnten bei unterschiedlichen Durchsätzen in den Spülstrahlen Stromlinien sichtbar gemacht und beurteilt werden. Außerdem wurde der statische Druck in Werkstückmitte gemessen.

Dieser Versuchsaufbau ermöglicht nur eine visuelle Betrachtung der Strömungsverhältnisse ohne Erosionsbetrieb; im Erosionsbetrieb können die Verhältnisse durch die prozeßbedingte Bildung von Gasblasen, durch die Drahtablaufbewegung und durch evtl. auftretende Drahtschwingungen erheblich verändert werden. Die Strömungsverhältnisse in dem während des Prozesses vorliegenden "Zwei-Phasen-Medium" können daher analytisch nicht erfaßt werden.

Auch die am Modell vorliegenden Verhältnisse sind mathematisch exakt nicht zu beschreiben. Wegen der geringen Abmessungen der Schnittspur dürfen die Viskosität des Arbeitsmediums, die Adhäsions- und die Kohäsionskräfte sowie die daraus resultierenden Strömungsverluste keinesfalls unberücksichtigt bleiben.

In Bild 34 sind die an der mittleren Bohrung des Modells erfaßten Drücke als Funktion der Durchsätze in den Spülstrahlen (q_o und q_u) aufgetragen. Mit diesen Messungen lassen sich jedoch keine eindeutigen Aussagen über die Strömungsgeschwindigkeiten des Arbeitsmediums in der Schnittspur machen, da nur ein geringer, meßtechnisch nicht erfaßbarer Anteil des durchgesetzten Arbeitsmediums in die Schnittspur gelangt. Auch sind die gemessenen Werte der Drücke durch die Kapillarwirkung in den sehr kleinen Bohrungen verfälscht; selbst eine kleine Unregelmäßigkeit der Bohrungsform würde sich erheblich im Meßergebnis niederschlagen. Eine Verbesserung der Meßmethode, mit der auch höher frequente Druckschwankungen erfaßt werden können, ist nicht möglich, da für die hier vorliegenden geringen Drücke keine geeigneten Druckaufnehmer existieren. Trotzdem lassen sich unter Einbeziehung der Stromlinienbilder und durch Berechnung der im Spülstrahl vorliegenden Strömungsverhältnisse einige qualitative Aussagen treffen.

Die Stromlinienbilder in Bild 35 zeigen, daß sich bei kleinem Durchsatz im oberen Spülstrahl mit steigendem Durchsatz im unteren Spülstrahl im Modell ein Staupunkt ausbildet, der sich zunehmend zur Modellmitte hin verschiebt. Im Staupunkt bildet sich der höchste Druck aus /4/. Der Druckanstieg mit steigendem Durchsatz im unteren Spülstrahl (Bild 34) ist damit erklärbar. Bei geringem Durchsatz im unteren Spülstrahl läßt sich dagegen mit einer Erhöhung des Durchsatzes im oberen Spülstrahl nur ein vergleichsweise geringer Druckanstieg in Werkstückmitte erzielen.

Auffällig ist in Bild 34 ferner der unvermittelte Druckanstieg bei einem Durchsatz von 50 l/h im oberen Spülstrahl. Da dieser "Drucksprung" lediglich bei Variation der Durchsätze im oberen Spülstrahl, nicht dagegen bei entsprechenden Durchsätzen im unteren Spülstrahl auftritt, kann nur vermutet werden, daß sich bei den geringen Strömungsgeschwindigkeiten die Strömungsverhältnisse aufgrund der Schwerkraft asymmetrisch ausbilden.

Die Berechnung der Reynoldzahl Re zeigt, daß mit einem gemessenen Strahldurchmesser von 5 mm bei Durchsätzen zwischen

40 l/h und 50 l/h der kritsche Wert von 2300 überschritten wird. Dieser Berechnung kommt jedoch nur bedingt Aussagekraft zu, da ein Umschlag von laminaren zu turbulenten Strömungsverhältnissen wegen der kompliziert gestalteten Spüldüsen bereits bei erheblich niedrigeren Strömungsgeschwindigkeiten auftreten kann. Trotzdem kann vermutet werden, daß der Drucksprung in Bild 34 durch eine Änderung der Strömungsverhältnisse verursacht wird /28/.

Bild 36 bestätigt an Hand von charakteristischen Stromlinienbildern diese Aussagen. Aufgrund des hohen Durchsatzes von 90 l/h bildet sich die Strömung im unteren Spülstrahl instationär aus. Die instationäre Strömung bleibt auch im Spalt des Schnittspur-Modells bis zur ersten Prüfbohrung erhalten. Der durch diese Bohrung zugeführte Farbstoff bildet daher keine scharf abgegrenzte Stromlinie, sondern verteilt sich "diffus" im Spalt. Der Farbstoff, der durch die oberste Prüfbohrung zugeführt wird, läßt dagegen bei Durchsätzen von 30 l/h bzw. 40 l/h eine scharf abgegrenzte Stromlinie erkennen, die stationäre Strömungsverhältnisse anzeigt. Erst bei einem Durchsatz von 50 l/h führt die jetzt instationäre Strömung im oberen Spülstrahl auch im Spalt zu instationären Strömungsverhältnissen. Dieses wird durch die von der oberen Bohrung ausgehende verwaschene Stromlinie angedeutet.

Obwohl sich die instationären Strömungsverhältnisse, wie an der Ausbildung der von der mittleren Bohrung ausgehenden Stromlinien in den Bildern 35 und 36 deutlich wird, nicht bis in die Mitte des Modells ausbreiten können, scheinen Auswirkungen der Strömungsverhältnisse auf die Ausbildung der Bauchung an funkenerosiv geschnittenen Werkstücken vorhanden zu sein. In Bild 37 ist die Bauchung in Abhängigkeit von verschiedenen Durchsätzen dargestellt. Auffällig erscheint eine gewisse Analogie der Kurvenform von Bauchung und Spüldruck in Bild 34. So sind bei einem Durchsatz von 50 l/h im oberen und 90 l/h im unteren Spülstrahl Maximalwerte sowohl für den Druck als auch für die Bauchung feststellbar. Sehr hohe Werte für die Bauchung treten auch bei geringen Durchsätzen in beiden Spülstrahlen auf, während die minimale Bauchung bei einem Durchsatz von 40 l/h im oberen und 70 l/h im unteren

Spülstrahl zu verzeichnen ist. Mit den bei der Untersuchung der Strömungsverhältnisse gewonnenen Erkenntnissen und mit zusätzlich angefertigten Profilschrieben geschnittener Werkstücke, deren Form analysiert wird, lassen sich die Ursachen für diese unterschiedlichen Werte der Bauchung - zumindest an einigen charakteristischen Arbeitspunkten - erklären. Dabei ist zu erkennen, ob die Bauchung vornehmlich durch Drahtschwingungen oder durch die unterschiedliche Verteilung der Verschmutzung mit den daraus resultierenden Folgen verursacht wird.

Im Bild 38 sind die Profilschriebe der beiden Werkstückhälften sowie die Stromlinien für den Arbeitspunkt q_o = 30 l/h und q_u = 40 l/h dargestellt. Die Bauchung erreicht ihre maximale Ausdehnung in der Nähe der Werkstückunterkante, weil der Durchsatz im unteren Spülstrahl zu gering ist. Es bildet sich daher auch ein Staupunkt in der Nähe der Werkstückunterkante aus (vgl. auch Bild 35); im Bereich des Staupunktes ist die Verschmutzung sehr stark, weil das Arbeitsmedium die im oberen Werkstückteil abgetragenen Werkstoffpartikel bis zum Staupunkt mitführt. Dadurch treten hier verbesserte Zündbedingungen auf, was zusammen mit einer verstärkten elektrochemischen Nebenwirkung zu einer lokalen Aufweitung der Schnittspur führen muß. Es ist an Hand der im Schrieb erkennbaren, im weiten Bereich relativ geraden Werkstückwand ferner abzulesen, daß aufgrund des geringen Durchsatzes und der daraus resultierenden geringen Querkräfte der Spülung auf die Drahtelektrode die Drahtschwingungen gegenüber der Verschmutzung hier einen untergeordneten Einfluß auf die Bauchung haben. Drahtschwingungen müßten nämlich entsprechend der Drahtauslenkung zu einer biegelinienförmigen Ausbildung der Werkstückwand führen.

Mit etwas gesteigerten Durchsätzen in beiden Spülstrahlen werden wegen der verbesserten Spülbedingungen optimale Werte für die Bauchung erreicht. Als ein für diesen Bereich charakteristischer Arbeitspunkt ist ein Durchsatz von 40 l/h im oberen und 70 l/h im unteren Spülstrahl ausgewählt worden. Die Profilschriebe in Bild 39 zeigen, daß die Bauchung an keiner Stelle einen ausgeprägten Maximalwert aufweist; es bildet sich vielmehr eine über einem weiten Bereich der Werkstückhöhe konstante Schnittspur aus. Der Grund dafür sind die Durchsätze des Arbeitsmediums, die zu einer weitgehend gleichmäßigen Verteilung der Verschmutzung über der Werkstückhöhe führen. Die relativ scharf voneinander abgegrenzten Stromlinien deuten ferner daraufhin, daß noch eine weitgehend stationäre Strömung in der Schnittspur vorliegt. Die Bauchung wird also auch hier primär durch die Durchschlagbedingungen und weniger durch Drahtschwingungen infolge von Spülkräften bewirkt. Da Auswirkungen der Drahtschwingungen auf die Bauchung fehlen und die Durchsätze in den Spülstrahlen andererseits eine hinreichende Spülung in der Arbeitszone gewährleisten, werden im Bereich dieser Einstellung optimale Werte für die Bauchung erzielt.

Eine weitere geringfügige Steigerung der Durchsätze in den Spülstrahlen auf 50 l/h im oberen und 90 l/h im unteren führt zu den in Bild 40 dargestellten diffusen Stromlinien, die instationäre Strömungsverhältnisse anzeigen. Die instationäre Strömung in der Schnittspur und die höhere Strömungsgeschwindigkeit verursachen vermehrt Kräfte auf den Draht, die zu einer geringen Drahtauslenkung und somit zu der beschriebenen Störung des Kräftegleichgewichts führen. Es treten daher vermehrt Pendelbewegungen des Drahtes quer zur Schnittrichtung auf, die zusätzlich zur unterschiedlichen Verteilung der Abtragpartikel über der Werkstückhöhe hier die Bauchung auf fast 20 μm vergrößern. Während die Profilschriebe in Bild 39 ihre charakteristische Form fast ausschließlich infolge der Durchschlagbedingungen erhalten, ist denen aus Bild 40 infolge vermehrt auftretender Drahtschwingungen zusätzlich die Form einer Biegelinie überlagert.

Bild 37 läßt jedoch erkennen, daß eine Verringerung der Bauchung durch eine weitere Steigerung des Durchsatzes im oberen Spülstrahl erreichbar ist. Das Arbeitsmedium in der Schnittspur wird durch die erhöhte Strömungsgeschwindigkeit zunehmend sauberer und das Auftreten der Bauchung daher offensichtlich weitgehend nur noch durch die Drahtschwingungen bestimmt. Entsprechend der Durchbiegung der ausgelenkten Drahtelektrode zeigen die aufgenommenen Profilschriebe in Bild 41 die Form einer Biegelinie. Dieses Verhalten überwiegt in einem großen Bereich hoher Durchsätze im oberen Spülstrahl. Da damit problemlos eine vergleichsweise geringe Bauchung erzielt werden kann, liegt hier der für den Anwender interessante Einstellbereich.

11.2.1.3 Abschätzung der Fehlerursachen bei der Bauchung

Als wesentliche Ursachen für das Auftreten der Bauchung können

1. Drahtauslenkung
2. elektrochemische Nebenwirkungen und
3. veränderte Durchschlagbedingungen über der Werkstückhöhe

angenommen werden. Der Einfluß dieser Ursachen wird je nach Wahl der elektrischen und mechanischen Parameter sehr stark differieren. Trotzdem soll im folgenden versucht werden, eine qualitative Abschätzung der Anteile der einzelnen Fehlerursachen zu liefern.

Die Bestimmung der Drahtauslenkung erfolgte, wie Bild 42 schematisch andeutet, indirekt über die Messung von Schnittspuren. Bei einer eingestellten Rachenweite von 60 mm wurde im Abstand von 2 mm unter dem oberen Drahtführungsarm mit eingestellter Speicherenergie des Kondensators W_K = 1,02 mJ ein Schnitt in einem 1 mm dicken Werkstück ausgeführt. Bei dieser Position des Werkstückes unmittelbar an der oberen Drahtführung kann der Einfluß der Drahtauslenkung auf die Größe der Schnittspur als sehr gering angenommen werden. Diese Schnittspur wird daher als "Referenzschnittspur" s_r für die weiteren Betrachtungen herangezogen. Mit den o.g. konstanten Einstellbedingungen wurde anschließend ein Schnitt in einem entsprechenden Werkstück ausgeführt, das in der Mitte zwischen beiden Drahtführungsarmen positioniert war. Bei diesem Werkstück ergab sich durch die nun stärker ins Gewicht fallenden Drahtauslenkungen eine etwas größere Schnittspur s_{max}.

Die halbe Differenz zwischen dieser Schnittspur s_{max} und der Referenzschnittspur s_r entspricht der relativen Drahtauslenkung Δb.

$$\Delta b = \frac{s_{max} - s_r}{2} \approx 17 \ \mu m \tag{15}$$

Die Aussage kann in dieser Form getroffen werden, da bei den nur 1 mm dicken Werkstücken die Spülbedingungen so eingestellt werden konnten, daß konstante Ausfunkwirkungen und konstante elektrochemische Nebenwirkungen vorausgesetzt werden dürfen.

Aus der relativen Drahtauslenkung läßt sich die aufgrund der Erosionsbedingungen hervorgerufene, auf die Drahtelektrode einwirkende Kraft F_E bestimmen. Punktförmigen Kraftangriff und konstante Drahtspannkraft F angenommen, ergibt sich aus der Geometrie:

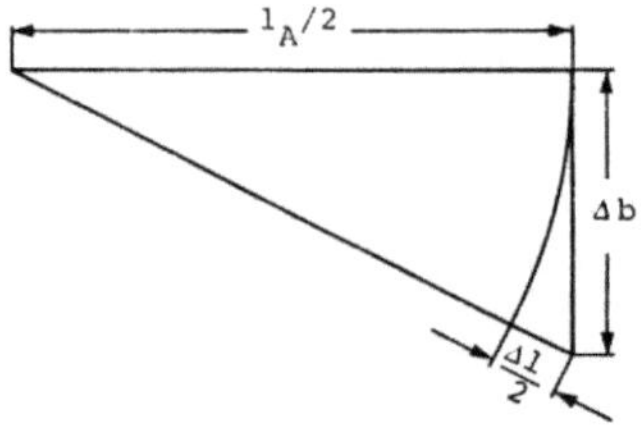

$$(\Delta b)^2 = \left(\frac{l_A}{2} + \frac{\Delta l}{2}\right)^2 - \left(\frac{l_A}{2}\right)^2 \tag{16}$$

Aus der Zusammensetzung der Kräfte ergibt sich weiter:

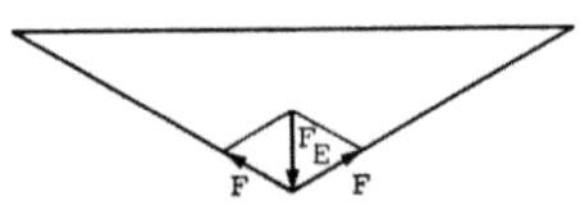

$$\frac{F}{1/2 F_E} = \frac{\Delta l + l_A}{2 \cdot \Delta b} \tag{17}$$

Aus Gl. (16) und Gl. (17)

$$\Delta b = \frac{l_A}{2} \cdot \frac{F_E}{\sqrt{4 F^2 - F_E^2}} \tag{18}$$

Mit der Vereinfachung, daß $F_E \ll F$:

$$F_E = \frac{4 \cdot \Delta b \cdot F}{l_A} \tag{19}$$

Wird der Zahlenwert von 17 μm, der sich bei Anordnung nach Bild 42 ergab, in die Gleichung eingesetzt, so errechnet sich die auf einer Werkstückhöhe h = 1 mm aufgrund der Erosionsbedingungen wirkende Kraft $F_E \approx 0{,}0053$ N.

Bei einem hohen Werkstück und ausreichend großer Entladefrequenz kann jedoch eine Belastung des biegeschlaffen Drahtes über der gesamten Schnitthöhe angenommen werden, was zu einer geringeren Drahtauslenkung führt. Unter der Annahme einer gleichmäßig verteilten Streckenlast g ergibt sich die Auslenkung Δb_g /31/:

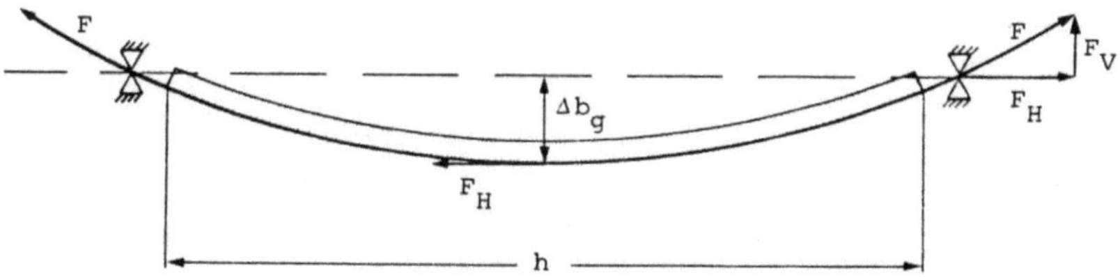

$$g = \frac{F_E}{h} \tag{20}$$

$$F_H = \frac{g \cdot h^2}{8 \cdot \Delta b_g} \tag{21}$$

$$F = F_H \sqrt{1 + 16 \left(\frac{\Delta b_g}{h}\right)^2} \tag{22}$$

Durch Einsetzen von Gl. (21) in Gl. (22)

$$\Delta b_g = \sqrt{\frac{g^2 \cdot h^4}{64 \cdot F^2 - 16 \cdot g^2 \cdot h^2}} \tag{23}$$

Wird der aus Gl. (19) errechnete Zahlenwert $F_E \approx 0{,}0053$ N in Gl. (20) und der aus Gl. (20) in Gl. (23) eingesetzt, so ergibt sich bei einer Werkstückhöhe h = 50 mm eine Auslenkung $\Delta b_g \approx 8$ μm. Dieses natürlich nur unter der Voraussetzung, daß mit höheren Werkstücken die infolge größerer Entladefrequenz anwachsenden, zentrierend auf die Drahtelektrode wirkenden Kräfte in annähernd gleichem Maße ansteigen wie die elektrostatischen Kräfte.

Es kann demnach je nach Spülbedingungen für die Drahtauslenkungen ein Anteil zwischen ≥ 30 % bis ≈ 70 % an der gesamten Bauchung angenommen werden. Der sehr geringe Anteil von ≈ 30 % liegt bei Spülbedingungen mit stationären Strömungsverhältnissen und damit weitgehend fehlenden Drahtschwingungen vor; es dominieren die anderen Ursachen für das Auftreten der Bauchung. Bei Veränderung zu instationären Strömungsverhältnissen beträgt dieser Anteil dagegen etwa 50 % und vergrößert sich mit steigenden Durchsätzen des Arbeitsmediums auf Werte ≥ 70 %, da sich die anderen Ursachen für das Auftreten der Bauchung zunehmend verringern.

Um die Einflüsse elektrochemischer Nebenwirkungen und veränderter Durchschlagbedingungen, die beiden wesentlichen anderen Ursachen für das Auftreten der Bauchung, zu erfassen, wurden die in Bild 43 skizzierten speziellen Werkstücke benutzt. Durch fünf über der Werkstückhöhe angebrachte Bohrungen von 0,5 mm ∅ konnte bei einer Führung der Schnittspur längs dieser Bohrungen während der Bearbeitung Arbeitsmedium abgesaugt und dessen Leitfähigkeit ermittelt werden. Es zeigt sich, daß bereits 5 mm von der Werkstückoberkante entfernt ein deutlicher Anstieg der Leitfähigkeit zu verzeichnen ist. Die maximale Leitfähigkeit wird bei einer Höhe von 35 mm gemessen.

Die Ausbildung der Leitfähigkeit des Arbeitsmediums zeigt ferner eine Abhängigkeit von der Entladeenergie. Eine Verringerung der Entladeenergie durch eine Reduzierung der Speicherkapazität bei gleichzeitiger Erhöhung der Entladefrequenz führt zu einem Anstieg der Leitfähigkeit. Es kann angenommen werden, daß dies durch die kleineren Abtragpartikel, die jedoch in entsprechend größerer Anzahl vorliegen, bewirkt wird.

Diese Ergebnisse lassen erkennen, daß elektrochemische Nebenwirkungen aufgrund der unterschiedlichen Verteilung der Leitfähigkeit des Arbeitsmediums über der Werkstückhöhe und der positiven Polung des Werkstücks die Ausbildung der Bauchung fördern können. Es wurde weiterhin an Hand von Versuchen festgestellt, daß bei einer Leitfähigkeit $\varkappa = 17\ \mu S/cm$ und einer mittleren Spannung $U = 180$ V, auch ohne daß Entladungen stattfinden, über den Arbeitsspalt ein Strom $i \approx 5$ mA fließt, der zu entsprechenden elektrochemischen Reaktionen führt. Diese Messungen können durch Berechnung qualitativ bestätigt werden. Es läßt sich damit und unter Annahme des spezifischen Abtragvolumens für den Kaltarbeitsstahl X 210 Cr 12 mit $V_{sp} = 2{,}183\ mm^3/A\ min$ /22/ sowie einer Vorschubgeschwindigkeit v = 0,4 mm/min beim Schneiden eines 50 mm hohen Werkstükkes der elektrochemisch bedingte Anteil an der Bauchung mit $\approx 1\ \mu m$ berechnen.

Da der durch elektrochemische Nebenwirkungen verursachte Anteil derartig gering ist, in der Praxis aber z.T. weit höhere Bauchungen verzeichnet werden als die, die allein auf Drahtauslenkungen zurückführbar sind, können als zweite Hauptursache für das Auftreten der Bauchung die sich mit der Verteilung der Leitfähigkeit und Verschmutzung durch Abtragpartikel über der Werkstückhöhe ändernden Zündbedingungen angesehen werden /1,18,40,41,42/. Die Verteilung der Verschmutzung führt bevorzugt in der Werkstückmitte zu Entladungen, was hier mit einem höheren Abtrag und so mit einer Aufweitung der Schnittspur verbunden ist. Den Spülverhältnissen kommt dadurch ein erheblicher Einfluß auf die Ausbildung der Bauchung zu, der sich allerdings einer mathematischen Erfassung verschließt.

11.3 Nachschneiden

Da die Bauchung beim funkenerosiven Schneiden unter Einsatz eines Relaxationsgenerators nahezu unvermeidbar ist, mußte nach einer wirtschaftlichen Möglichkeit gesucht werden, diesen Fehler zu korrigieren. Für eine Kompensation des Fehlers auf einer Drahterodieranlage bietet sich die "Technik des Nachschneidens" bereits ausgeschnittener Werkstücke an; dabei wird die bereits geschnittene Kontur entlang einer Äquidistanten nacherodiert.

Bei Einsatz dieser Technik können aus mehreren Gründen Verbesserungen der Bauchung erwartet werden. Da der Draht nur einseitig im Eingriff ist, ergeben sich selbst bei nur geringen Durchsätzen in den Spülstrahlen und damit auch kleinen Spülkräften bereits über der gesamten Werkstückhöhe wesentlich bessere Spülbedingungen als in der engen Schnittspur beim normalen Schneiden hoher Werkstücke. Der nur einseitige Eingriff der Drahtelektrode verändert außerdem die auf den Draht wirkenden Kräfte gegenüber denen des normalen Schnitts /13/. Hauptsächlich werden auf den Draht auch beim Nachschneiden elektrostatische Kräfte und Kräfte infolge von Entladungen wirksam. Die Wahl geeigneter elektrischer Parameter und einer günstigen Zustellung muß so getroffen werden, daß Gleichgewichtsbedingungen herrschen, bei denen sich elektrostatische Kräfte und Kräfte infolge von Entladungen gerade kompensieren.

Für den Fall "Draht im Anschnitt", der auch auf den gesamten Vorgang des Nachschneidens anwendbar ist, läßt sich die Kraft auf den Draht infolge des elektrischen Feldes nach Panschow /13/ gemäß Gleichung (11) bestimmen (vgl. S. 44).

Aus der Gleichung ist erkennbar, daß die auf den Draht wirkende Streckenlast g bei festem Drahtdurchmesser d und konstanter Spannung U mit verkleinertem Abstand des Drahtmittelpunktes c zur Werkstückwand hyperbolisch ansteigt.

Auf die Technik des Nachschneidens angewandt, muß sich die in Bild 44 dargestellte Abhängigkeit ergeben.

Bei konstanter mittlerer Arbeitsspannung U sowie konstanter Entladeenergie und Entladefrequenz steigt die Bauchung beim Nachschneiden mit der Zustellung z. Mit steigender Zustellung, d.h. mit verringertem Abstand des Drahtes zur Werkstückwand, wächst nämlich die den Draht auslenkende Streckenlast g sehr stark an, während die der Drahtauslenkung entgegengerichteten Entladekräfte weitgehend konstant gehalten werden. Durch die Drahtauslenkung stellt sich der engste Spalt zwischen Draht und Werkstück etwa auf halber Werkstückhöhe ein, so daß bevorzugt in diesem Bereich Entladungen stattfinden, die die Bauchung entsprechend vergrößern.

Erst wenn die Zustellung so groß gewählt ist, daß der Abstand zwischen Mittelpunkt der Drahtelektrode und Werkstück in etwa der Größe des frontalen Arbeitsspaltes zuzüglich halbem Drahtdurchmesser entspricht, kann sich die Bauchung auch durch eine weitere Erhöhung der Zustellung nicht mehr vergrößern. Zwischen Werkstückwand und Mantellinie der Drahtelektrode muß nämlich zur Aufrechterhaltung eines normalen Erosionsprozesses stets ein Abstand in der Größenordnung des frontalen Arbeitsspaltes erhalten bleiben.

Diese Ergebnisse lassen erkennen, daß allein durch die Wahl der Zustellung keine Verbesserung der Bauchung mit der Technik des Nachschneidens erzielt werden kann. Als erfolgversprechende Maßnahmen bieten sich eine Vergrößerung der Kräfte infolge von Entladungen, eine Reduzierung der mittleren Arbeitsspannung und damit eine Verkleinerung der elektrostatischen Kräfte sowie ggf. eine Kombination beider Maßnahmen an.

Eine Vergrößerung der Kräfte infolge von Entladungen ist bei konstanter Entladefrequenz durch eine Erhöhung der Entladeenergie oder bei konstanter Entladeenergie durch eine Erhöhung der Entladefrequenz möglich. Entsprechend verbessern sich in Bild 45 sowohl bei einer Erhöhung der Entladeenergie (1), realisiert durch eine vergrößerte Kapazität des Entladekondensators, als auch durch eine Erhöhung der Entladefrequenz (2), realisiert durch einen vergrößerten Ladestrom, bei konstanter Zustellung z und konstanter mittlerer Arbeitsspannung U die Werte für die Bauchung. Allein mit diesen Maßnahmen konnte jedoch noch keine hinreichende Verbesserung der Bauchung erzielt werden. Eine kombinierte Maßnahme, mit der sich die in Bild 46 dargestellten Ergebnisse erzielen lassen, ist die Reduzierung der Arbeitsspannung durch eine Erhöhung der Vorschubgeschwindigkeit, was zwangsläufig eine Vergrößerung der Entladefrequenz mit sich bringen muß. Diese Reduzierung der Arbeitsspannung weit unter den beim Normalbetrieb erreichbaren Wert sowie die Erhöhung der Entladefrequenz sind aufgrund der günstigeren Spülbedingungen bei einseitigem Schnitt und der damit verbundenen verbesserten Kühlung der Drahtelektrode problemlos, d.h. ohne Drahtbruch, möglich. Voraussetzung sowohl für das Erreichen einer kleinen Arbeitsspannung als auch für die erhöhten Entladefrequenzen ist eine hinreichend große Zustellung. Ist die Zustellung nämlich nicht mindenstens so groß, daß der verbleibende Abstand zwischen Drahtmittelpunkt und Werkstückwand nur noch in etwa den halben Drahtdurchmesser zuzüglich des frontalen Arbeitsspaltes beträgt, können auch bei hoher Vorschubgeschwindigkeit weder eine kleine Arbeitsspannung noch hohe Entladefrequenzen erzielt werden; in Bild 46 entspricht diesem Fall die Zustellung von 30 μm. Günstigere Resultate lassen sich bei der durch die Schrittmotoren begrenzte Vorschubgeschwindigkeit sogar nur dann erzielen, wenn der Abstand zwischen Drahtmittelpunkt und Werkstückwand deutlich kleiner ist als der halbe Drahtdurchmesser zuzüglich des frontalen Arbeitsspaltes. Allgemeingültige Angaben über die optimale Größe der Zustellung lassen sich jedoch nicht machen, da zum einen die Breite der Schnittspur materialabhängig ist und zum anderen auch die optimale Menge des beim Nachschneiden abzutragenden Materials von der Erodierbarkeit des Werkstoffes abhängt. Bei Werkstoffen, die eine gute Erodierbarkeit aufweisen, sich also schnell abtragen lassen, muß die Zustellung groß gewählt werden, damit beim Nachschneiden hohe Entladefrequenzen und niedrige Arbeitsspannungen erreicht werden können; bei schlecht erodierbaren Werkstoffen z.B. Hartmetall reicht dagegen eine geringere Zustellung aus.

Zufriedenstellende Werte für die Bauchung lassen sich beim Nachschneiden auch mit relativ niedrigen Entladeenergien ($W_e < 1{,}7$ mJ) erreichen, wenn nur die Entladefrequenz so hoch und die mittlere Arbeitsspannung so niedrig, wie ohne Gefahr eines Drahtbruches gerade zulässig, gewählt wird. Damit eröffnet sich die Möglichkeit, durch die Technik des Nachschneidens gleichzeitig mit der Steigerung der Formgenauigkeit eine Verbesserung der Oberflächengüte sowie auch eine Verkleinerung der thermisch beeinflußten Randzone wirtschaftlich zu erreichen. Während nämlich beim Schneiden im "Vollen" mit verhältnismäßig hohen Entladeenergien gearbeitet werden muß, um möglichst hohe Schnittraten und damit kurze Hauptzeiten zu erhalten, ergeben sich beim Nachschneiden auch mit niedrigen Entladeenergien Schnittraten, die etwa 20 mal so hoch sind wie die im normalen Schnitt, so daß das Nachschneiden auch als zusätzlicher Arbeitsgang wirtschaftlich vertretbar ist.

Nachteilig ist allerdings, daß zur Herstellung einer maßgenauen Kontur in Vorversuchen nicht nur die Größe der Schnittspur, sondern zusätzlich auch ein geeignetes Aufmaß für den Einsatz des Nachschneidens bestimmt werden muß.

Schwierig wird ein Einsatz des Nachschneidens auch bei Werkstücken, die sich nach dem Ausschneiden der Innenkontur durch Eigenspannungen vornehmlich in einer Richtung stark verformt haben. Beim Nachschneiden ergeben sich damit entlang der gesamten Kontur unterschiedliche Zustellungen, was sich speziell bei zu kleiner Zustellung aus den o.g. Gründen ungünstig auf die Bauchung auswirken kann.

11.4 Spurweitenänderung

Für ein maßgenaues Fertigen von Werkstücken ist ferner die Ausbildung einer konstanten Schnittspur wesentlich. Spurweitenänderungen, die bei fester Maschineneinstellung und einer geraden Schnittführung auftreten, haben ihre Ursachen meist in Schwankungen der Netzspannung. Mit der Netzspannung verändern sich die Prozeßparameter Leerlaufspannung, Entladeenergie und Entladefrequenz, die sich entsprechend auf die Breite der Schnittspur auswirken. Da eine Schwankung der Netzspannung von 10 V bereits zu einer Spurweitenänderung von etwa 2 μm führt und die Schwankungen der Netzspannung bei Spitzenbelastungen z.T. weit über diesem Wert liegen, muß diese Fehlerursache für ein exaktes Arbeiten durch eine Stabilisierung der Netzspannung vermieden werden.

Spurweitenänderungen bei gerader Schnittführung können ferner durch Leitfähigkeitsschwankungen des Arbeitsmediums auftreten (vgl. Bild 8). Die Leitfähigkeit des zugeführten Arbeitsmediums läßt sich zwar am Deionisiergerät einstellen, die Ausregelung der eingestellten Leitfähigkeit erfolgt jedoch nicht kontinuierlich sondern mittels eines einfachen Zweipunktereglers. Für Leitfähigkeiten um 10 μS/cm, die sich speziell bei der Stahlbearbeitung als günstig erwiesen haben, hält sich die Umkehrspanne des Reglers allerdings in so engen Grenzen, daß die Schwankungen der Schnittspur vernachlässigbar klein bleiben.

Wesentlich schwieriger beherrschbar ist dagegen das Vermeiden von Spurweitenänderungen unmittelbar nach Änderung der Schnittrichtung, d.h. beim Schneiden von Ecken bzw. kleinen Radien. Ursachen sind die im unmittelbaren Bereich nach einer Ecke veränderten Spülbedingungen. Nur in einem geraden Schnitt kann das Arbeitsmedium ungehindert nach hinten in die Schnittspur abströmen, während, wie in Bild 47 schematisch dargestellt, eine Ecke wie ein Hindernis wirkt. Diese veränderten Spülbedingungen haben Rückwirkungen auf die Prozeßparameter und auf die Drahtschwingungen, so daß es zu einer Verkleinerung der Schnittspur kommt. Besonders stark tritt dieser Effekt bei der Bearbeitung von Hartmetall auf, er ist aber prinzipiell auch beim Schneiden von Stahlwerkstoffen zu beobachten. Die folgenden Untersuchungen sind daher an 30 mm hohen Werkstücken des Hartmetalls der Sorte G 30 durchgeführt worden.

Als Beweis für den entscheidenden Einfluß der Spülbedingungen kann Bild 48 gelten, in dem die Abmessungen der Schnittspur über der Schnittlänge aufgetragen sind, wobei von der Ecke aus eine spezielle Schnittführung durchgeführt wurde. Bei dem zunächst geschnittenen Winkel von 120° (Kontur(I)) stellte sich erwartungsgemäß eine deutliche Schnittspuränderung ein. Anschließend wurde zur Ecke zurückpositioniert und in gerader Richtung weitergeschnitten, so daß ein Winkel von 60° entstand (Kontur (II)). Da jetzt das Arbeitsmedium weitgehend ungehindert nach hinten abströmen kann, verändert sich die Breite der Schnittspur nur geringfügig.

Da die an Ecken und kleinen Radien veränderten Spülbedingungen aufgrund dieser Ergebnisse als eine Hauptursache für die Verkleinerungen der Schnittspur angesehen werden konnten, sind Spülbedingungen an Ecken mittels Druckmessungen an einem geeigneten Modell weitergehend untersucht worden. Es zeigt sich in Bild 49, daß das Druckniveau, gemessen hinter Ecken in Werkstückmitte, gegenüber dem im geraden Schnitt erfaßten (vgl. Bild 34) speziell bei größeren Durchsätzen höher ist, was auf einen Stau des Arbeitsmediums in diesem Bereich zurückzuführen ist. Der Druck in Werkstückmitte steigt kontinuierlich mit wachsenden Durchsätzen in den Spülstrahlen an.

Drucksprünge, die bei den Druckmessungen im geraden Schnitt ein Umschlagen der Strömung von stationärer zu instationärer aufzeigten, fehlen hier, da das Arbeitsmedium nur mit verringerter Strömungsgeschwindigkeit abfließt. Es kann daher als gesichert angenommen werden, daß auf den Draht in diesem Bereich in der Schnittspur geringere Querkräfte wirksam sind, dieser also kaum ausgelenkt wird und daher auch Drahtschwingungen wie im geraden Schnitt fehlen dürften. Die fehlenden Drahtschwingungen führen zu einer entsprechenden Verkleinerung der Schnittspur. Profilschriebe unmittelbar hinter einer Werkstückecke zeigten trotz der zwangsläufig starken Verschmutzung des gestauten Arbeitsmediums ebenfalls aus diesem Grunde deutlich günstigere Werte für die Bauchung als die bei gerader Schnittführung. Die starke Verschmutzung des Arbeitsmediums und der damit verbundene Anstieg der Leitfähigkeit führen jedoch bei Hartmetallwerkstoffen zu verstärkter elektrochemischer Beeinflussung der Werkstückrandzone in diesem Bereich, wie an Hand von Schliffen in Bild 50 nachgewiesen werden kann. Da damit ein Teil der Leistung über den Arbeitsspalt abgeführt wird, ohne daß es zu Entladungen kommt, verringern sich nach einer Ecke die Entladefrequenz und damit auch die Vorschubgeschwindigkeit trotz engerer Schnittspur.

11.4.1 Einfluß der Schnittgeometrie auf die Spurweitenänderung

Da die Schnittgeometrie die Spülbedingungen in der Schnittspur beeinflußt, ist auch eine entsprechende Abhängigkeit der Spurweitenänderung zu erwarten. Mit kleinerem Eckenwinkel wächst die Behinderung des in der Schnittspur abströmenden Arbeitsmediums; durch die abnehmende Strömungsgeschwindigkeit sinken die Spülkräfte auf den Draht, seine Schwingungsneigung nimmt damit ab und die Schnittspur verkleinert sich. Diese Verkleinerung der Schnittspur mit abnehmendem Eckenwinkel ist in Bild 51 an einem 30 mm hohen geschnittenen Hartmetallwerkstück zu beobachten. Neben der zunehmenden Verengung der Schnittspur tritt dabei auch eine Vergrößerung des gesamten Bereichs der Spurverengung auf, da die veränderten Spülbedingungen sich in einem größeren Bereich nach der Ecke auswirken. Werden an den Ecken kleine Radien vorgesehen, so bilden sich die engsten Schnittspuren unmittelbar am Einlauf des Radius in das Geradenstück nach der "Ecke" aus. Mit größerem Eckenradius nähern sich die Strömungsverhältnisse in der Schnittspur zunehmend denen des geraden Schnittes, und die auftretenden Spuränderungen verringern sich. Bei einem 30 mm hohen Werkstück aus Hartmetall der Sorte G 30 tritt bei einem Radius größer als ≈ 5 mm praktisch keine meßbare Veränderung der Schnittspur mehr auf. Diese Angabe über den Grenzradius, von dem an keine Konturfehler mehr vorhanden sind, ist nicht allgemeingültig, da die Spülbedingungen von einer Reihe anderer Faktoren beeinflußt werden. Als erstes ist die Breite der Schnittspur zu nennen, die außer von den elektrischen Parametern von der Werkstück-Werkzeug-Paarung bestimmt wird; damit kann eine gewisse Werkstoffabhängigkeit des Konturfehlers erklärt werden. Die Spülung in der Schnittspur verschlechtert sich außerdem mit der Höhe des Werkstükkes, und da zusätzlich die Auslenkung des Drahtes mit steigender Einspannlänge wächst, vergrößern sich die Änderungen der Schnittspur mit steigender Werkstückhöhe.

11.4.2 Einflüsse der elektrischen und mechanischen Einstellparameter auf die Spurweitenänderung

Die elektrischen Einstellparameter wie Entladeenergie und Entladefrequenz beeinflussen in gewissen Grenzen die Breite der Schnittspur und damit die Spülbedingungen, aber vor allem auch die Schwingungen der Drahtelektrode. In Bild 52 ist die Abhängigkeit der Spurweitenänderung Δs von der Entladefrequenz dargestellt. Unter Spurweitenänderung Δs wird die Differenz der Spurweite im geraden Schnitt s_m und der Spurweite an Ecken s_ε verstanden. Die Verkleinerung der Spurweitenänderung mit fallender Entladefrequenz kann mit verstärkt auftretenden Drahtschwingungen erklärt werden. Da mit fallender Entladefrequenz die zentrierend auf die Drahtelektrode wirkenden Entladekräfte kleiner werden, während bei konstant gehaltener mittlerer Arbeitsspannung die elektrostatischen Kräfte gleich bleiben, reichen bereits erheblich kleinere Querkräfte durch die Spülung aus, die Drahtelektrode zu Schwingungen anzuregen. Querkräfte durch die Spülung treten, obschon kleiner, auch nach Werkstückecken auf, so daß mit fallender Entladefrequenz die Spurweitenänderung abnimmt. Im Extremfall tritt sogar eine Vergrößerung der Schnittspur nach Ecken auf, weil durch die sich mit der Entladefrequenz reduzierende Vorschubgeschwindigkeit an den Stellen höchster Verschmutzung des Arbeitsmediums in verstärktem Umfang seitlich erodiert wird.

Da eine Reduzierung der Entladefrequenz auch mit einem erheblichen Abfall der Schnittrate verbunden ist, erscheint es aus wirtschaftlichen Gründen kaum sinnvoll, die gesamte Kontur mit niedrigerer Entladefrequenz abzuarbeiten. Eine Reduzierung der Entladefrequenz nur im Bereich der Ecke wäre denkbar; dies bedingt jedoch eine geometrie- und werkstoffabhängige Korrektur der Entladefrequenz.

Auch mit Veränderungen der mechanischen Einstellparameter läßt sich keine gravierende Verringerung der Spurweitenänderungen erzielen. Geringfügig positiv wirkt sich eine Erhöhung der Leitfähigkeit des Arbeitsmediums aus, da sich die Schnittspur verbreitert und die Spülbedingungen nach Ecken dadurch weniger stark beeinflußt werden. Eine große Erhöhung der Leitfähigkeit ist aber bei Stahlwerkstoffen mit einer verringerten Schnittrate und speziell bei Hartmetallen mit einer starken elektrochemischen Beeinflussung der Oberflächenrandzone verbunden, so daß diese Maßnahme zur Reduzierung der Konturfehler nur bedingt einsetzbar ist.

Auch mit einer geeigneten Wahl der Durchsätze in den Spülstrahlen lassen sich die Spurweitenänderungen, wenn auch nicht vermeiden, so doch in Grenzen günstig beeinflussen. Relativ gute Ergebnisse lassen sich erzielen, wenn die Durchsätze in den Spülstrahlen bereits im geraden Schnitt möglichst wenig Drahtschwingungen induzieren und sich die nach einer Ecke fehlenden Drahtschwingungen entsprechend nur in einer geringen Verengung der Schnittspur auswirken können. Diese Verhältnisse sind mit möglichst laminaren Strömungen in der Schnittspur erreichbar. Eine zweite Möglichkeit, günstige Ergebnisse zu erzielen, besteht darin, die Durchsätze in den Spülstrahlen so hoch zu wählen, daß Drahtschwingungen nicht nur beim geraden Schnitt auftreten, sondern aufgrund der sehr starken Spülkräfte leicht vermindert auch nach Ecken erhalten bleiben. Besonders ungünstig sind demnach Durchsätze in den Spülstrahlen, bei denen die Strömung in der Schnittspur gerade von laminar auf turbulent umgeschlagen ist; in diesem Fall treten nämlich im geraden Schnitt Drahtschwingungen auf, die nach dem Schneiden einer Ecke wegen der reduzierten Strömungsgeschwindigkeit fehlen, was hier eine starke Verkleinerung der Schnittspur bewirkt.

11.5 Konizität

Ein weiterer prozeßbedingter Fehler, der speziell bei der Bearbeitung dicker Werkstücke zu Ungenauigkeiten führt, ist die Konizität der Schnittspur, die definiert worden ist als:

$$\tan \frac{\alpha}{2} = \frac{s_o - s_u}{2 \cdot h} \qquad \text{(Vergl. S. 11)}$$

Ursachen für das Auftreten der Konizität sind

1. der Drahtverschleiß in der Arbeitszone,
2. die Spülbedingungen,
3. die Lage des Werkstückes relativ zu den Drahtführungsarmen.

Von diesen Ursachen ist der Drahtverschleiß in der Arbeitszone und die daraus resultierende Verringerung des Drahtdurchmessers sowie die Verlagerung des Drahtes in der Drahtführung selbst bei hohen Werkstücken relativ bedeutungslos, da der Arbeitszone ständig durch die Drahtablaufbewegung unverbrauchter Draht zugeführt wird. So beträgt bei der Bearbeitung eines 50 mm hohen Werkstückes aus Kaltarbeitsstahl X 210 Cr 12 der Volumenverschleiß der Drahtelektrode bei maximaler Drahtablaufgeschwindigkeit weniger als 10 %, was bei einer gleichmäßigen Verteilung des Drahtverschleißes über dem Drahtumfang eines 0,2 mm dicken Drahtes zu einer Verkleinerung des Drahtdurchmessers von ungefähr 10 µm und damit in der oberen prismatischen Drahtführung zu einer Verlagerung des Drahtmittelpunktes von etwa 7 µm führt.

Der Drahtverschleiß tritt jedoch, wie in Bild 53 schematisch dargestellt, nicht am gesamten Umfang der Drahtelektrode auf, sondern findet nur in dem Bereich statt, der jeweils der Schnittrichtung zugewandt ist. Aufgrund dieser sichelförmigen Verschleißverteilung sind die Auswirkungen des Verschleißes auf die Konizität der Schnittspur je nach Schnittrichtung noch deutlich geringer.

Die Lage des Werkstückes zu den Drahtführungsarmen hat durch die unvermeidbaren Drahtauslenkungen ebenfalls einen Einfluß auf die Konizität der Schnittspur; nur bei symmetrischer Lage des Werkstückes zu den Drahtführungsarmen wird sich die Schnittspur an der Werkstückoberseite und an der Werkstückunterseite annähernd gleich ausbilden. Wird dagegen das Werkstück asymmetrisch aufgespannt, treten die in Bild 54 schematisch angedeuteten unterschiedlichen Schnittspuren an Werkstückober- und -unterseiten auf.

Beeinflußt wird die Ausbildung der Schnittspur ferner durch die Durchsätze in den Spülstrahlen, die zu unterschiedlichen Spülbedingungen an Werkstückober- und -unterseite und damit zu unterschiedlichen Durchschlagbedingungen und Spurweiten führen können.

Außerdem können die durch die Spülung auf die Drahtelektrode ausgeübten Kräfte durch unterschiedliche Durchsätze in den Spülstrahlen den Draht bevorzugt an einer Werkstückseite auslenken. Damit besteht die Möglichkeit, die Ausbildung der Schnittspur durch die gewählten Spülbedingungen korrigierend zu beeinflussen.

11.5.1 Auswirkungen der Lage des Werkstückes und der Spülung auf die Konizität der Schnittspur

Die Einflüsse der Lage des Werkstückes und der Spülbedingungen sind für einige Arbeitspunkte quantitativ in Bild 55 erfaßt. Bei einem Durchsatz von 40 l/h im oberen und 80 l/h im unteren Spülstrahl und symmetrischer Werkstückaufspannung bildet sich die Schnittspur annähernd ohne Konizität aus. Wird der Abstand zwischen Werkstückoberkante und oberer Drahtführung vergrößert, das Werkstück also durch eine einseitige Vergrößerung der Rachenweite asymmetrisch aufgespannt, entsteht entsprechend den oben erläuterten Ursachen eine zunehmend konische Schnittspur.

Der Einfluß der Spülung wird bei einer Erhöhung des Durchsatzes im oberen Spülstrahl von 40 l/h auf 60 l/h deutlich. Bei symmetrischer Werkstückaufspannung und kleiner Rachenweite führt diese Erhöhung des Durchsatzes im oberen Spülstrahl an der Werkstückoberkante zu einem sauberen Arbeitsmedium. Damit steigt die Durchschlagfestigkeit, so daß hier die Verkleinerung der oberen Spurweite und damit die aus dem Bild ersichtliche umgekehrt gerichtete Konizität der Schnittspur auftritt. Wird bei diesen Spülbedingungen der Abstand zwischen Werkstückoberkante und oberer Drahtführung vergrößert, so wird die Schwingungsneigung der Drahtelektrode durch die größere Einspannlänge erhöht. Die Spülbedingungen führen daher dann verstärkt zu Drahtschwingungen, die sich speziell an der Werkstückoberseite auswirken und so zu der deutlich stärkeren Konizität der Schnittspur führen.

12. ZUSAMMENFASSUNG

Das funkenerosive Schneiden ist eine Verfahrensvariante, die seit Ende der sechziger Jahre in der industriellen Praxis eingesetzt wird. Die aufgrund verschiedener Besonderheiten weitgehend eigenständige Technologie ist jedoch bislang unzureichend bekannt. Der vorliegende Bericht versucht daher das Leistungsverhalten des Verfahrens zu erfassen und zu deuten sowie Ursachen für das Auftreten von Form- und Maßfehlern aufzuzeigen.

Wie die Versuchsergebnisse zeigen, existieren unter dem Blickwinkel einer maximalen Schnittrate optimale Einstellbedingungen, die eine maximale Produktivität gewährleisten. Als günstigste Leitfähigkeit des Arbeitsmediums Wasser ergeben sich Werte zwischen 7 und 13 µS/cm. Die optimale Speicherenergie des Kondensators und die dabei jeweils einstellbare maximale Entladefrequenz verschieben sich mit wachsenden Drahtdurchmessern zu höheren Werten; für die Drahtdurchmesser 0,1 mm, 0,15 mm, 0,2 mm und 0,25 mm ergeben sich 0,34 mJ, 0,68 mJ, 3,42 mJ und 6,84 mJ als optimale Werte für die Speicherenergie.

Die Ergebnisse beim Bearbeiten von X 210 Cr 12 lassen ferner erkennen, daß mit steigender Werkstückhöhe durch Vergrößerung der Entladefrequenz eine Erhöhung der Schnittrate erzielt werden kann. Die Verbesserung der Oberflächengüte mit steigender Werkstückhöhe resultiert außer aus der Erhöhung der Entladefrequenz in erster Linie aus der Vergrößerung der Schnittspur, wodurch die Entladebedingungen geändert werden.

Beim Bearbeiten verschiedener Stahlwerkstoffe hat sich gezeigt, daß die Schnittrate und die Oberflächengüte außer vom erzielbaren Abtrag pro Entladung entscheidend von der Ausbildung der Schnittspur mitbestimmt werden. Die vom Senken bekannten Ergebnisse über die Erodierbarkeit lassen sich schon von daher nur bedingt auf das funkenerosive Schneiden übertragen. So weist die vom Senken als besonders schlecht erodierbar geltende Legierung X 50 NiCrWV 13 13 ähnliche Schnittraten auf, wie die erheblich besser senkbare Legierung 56 NiCrMoV 7.

Die Untersuchung der Eignung unterschiedlicher Drahtwerkstoffe für das funkenerosive Schneiden des Kaltarbeitsstahls X 210 Cr 12 haben gezeigt, daß sich besonders beim Einsatz von Cu- und von Ms-Drähten Vorteile ergeben. Mit Cu-Draht läßt sich die höchste Schnittrate erzielen. Die Schnittrate bei der Verwendung von Ms-Draht ist zwar geringer, die gemittelten Rauhtiefen sind aber entsprechend besser. Mo-Draht erbringt trotz der Ausbildung einer großen Schnittspur ebenfalls eine günstige Schnittrate. Wegen des sehr teuren Materialpreises dürfte der Einsatz jedoch auf Sonderanwendungen sowie auf kleine Drahtdurchmesser beschränkt bleiben. Die Schnittrate beim Einsatz von V2A-Draht ist sehr gering; die gemittelte Rauhtiefe weist keine entscheidend günstigeren Werte als beim Schneiden mit Ms-Draht auf. Der Einsatz wäre nur bei dünnen Werkstücken mit komplizierter Geometrie, die eine sehr enge Schnittspur erfordert, technisch sinnvoll.

Beim funkenerosiven Schneiden des Hartmetalls G 20 mit verschiedenen Drahtwerkstoffen ergibt sich ein Abfall der Schnittrate in der Reihenfolge der Drahtwerkstoffe Molybdän, Kupfer, Messing und V2A. Der Einsatz von Molybdändraht ist nicht zu empfehlen, da der geringfügig höheren Schnittrate eine im Vergleich zu den anderen Drahtwerkstoffen schlechtere Oberflächengüte gegenübersteht. Kupfer- bzw. Messingdraht dürfte daher der günstigste Drahtwerkstoff für das funkenerosive Schneiden dieser Hartmetallsorte sein.

Der Einsatz eines Kohlenwasserstoff-Dielektrikums als Arbeitsmedium erbringt sowohl bei der Bearbeitung des Kaltarbeitsstahls X 210 Cr 12 als auch bei der Bearbeitung von Hartmetall der Sorte G 30 hinsichtlich Schnittrate und Oberflächengüte erheblich ungünstigere Ergebnisse als die Verwendung von demineralisiertem Wasser.

Die Oberflächenbeeinflussung funkenerosiv geschnittener Werkstücke weist jedoch wegen der Verwendung von Wasser einige Besonderheiten auf. Während beim Einsatz eines Kohlenwasserstoff-Dielektrikums eine Aufkohlung der Randschicht auftreten kann, ist mit Wasser, das beim Erosionsprozeß thermisch dissoziiert wird, eine Entkohlung der Randschicht unter Bildung von Methan möglich. Die Randschicht bildet sich daher bei dem untersuchten Stahlwerkstoff entsprechend weich aus, was zwar die Neigung zur Rißbildung in der Randzone herabsetzt; dagegen kann jedoch eine Wasserstoffdiffusion in die Randschicht nicht ausgeschlossen werden.

Beim Bearbeiten von Werkstoffen aus Komponenten mit unterschiedlichem elektrochemischen Auflösungsverhalten, wie z.B. Hartmetall, tritt außerdem durch die vorwiegend anodische Werkstückpolung und das relativ hohe Spannungsniveau von Relaxationsgeneratoren eine über die Randzone hinausgehende elektrochemische Beeinflussung des Grundgefüges auf. Erheblich vermindert werden kann diese Beeinflussung nur durch eine Absenkung des Spannungsniveaus. Dies läßt sich durch den Einsatz spezieller, für das funkenerosive Schneiden entwickelter, statischer Impulsgeneratoren erreichen, wie sie in jüngster Zeit schon von der Industrie vorgestellt wurden.

Hinsichtlich der Genauigkeit des Verfahrens sind besonders die prozeßabhängigen Fehler "Bauchung", "Spurweitenänderung" und "Konizität der Schnittspur" von Interesse, da diese sich bei Kenntnis der technologischen Zusammenhänge durch eine geeignete Wahl der Prozeßparameter minimieren lassen. Alle drei Fehler entstehen durch Kraftwirkungen auf den Draht und aus den über Werkstückhöhe und Schnittkontur unterschiedlichen Spülbedingungen. Kraftwirkungen auf den Draht werden in erster Linie von elektrostatischen Feldern, von Entladungen und durch die Spülung ausgeübt. Auslenkend wirken dabei die Spülkräfte und bei asymmetrischem Feld auch die elektrostatischen Kräfte; zentrierend, d.h. günstig, wirken bei ausreichend hoher Entladefrequenz die Entladungskräfte. Mechanisch kann den auslenkenden Kräften durch eine möglichst hohe Drahtspannkraft entgegengewirkt werden. Der Durchsatz in den exakt koaxial zum Draht auszurichtenden Spülstrahlen sollte, vor allem zur Erzielung einer minimalen Bauchung, so eingestellt werden, daß die Arbeitszone zwar ausreichend mit sauberem Arbeitsmedium versorgt wird, aber die Strömung des Arbeitsmediums möglichst geringe Kräfte auf den Draht ausübt. Durch die Wahl der elektrischen Parameter sind die elektrostatischen Kräfte möglichst klein und die Entladungskräfte hinreichend groß zu halten. Geringe elektrostatische Kräfte ergeben sich bei kleinen Arbeitsspannungen, so daß auch hinsichtlich der erzielbaren Genauigkeit bei Verwendung eines statischen Impulsgenerators wahrscheinlich günstigere Ergebnisse erreicht werden.

Abschließend durchgeführte Untersuchungen zeigten, daß die Konizität der Schnittspur bei symmetrischer Lage des Werkstückes zwischen den Drahtführungsarmen durch eine geeignete Wahl der Spülung vermeidbar ist. Bauchung und Spurweitenänderungen treten dagegen selbst bei optimaler Parameterkombination stets in gewissem Umfang auf. Als eine Möglichkeit zum Ausgleich der Spurweitenänderung bietet sich derzeit nur eine Korrektur der Schnittführung an, wobei diese experimentell entsprechend der Schnittkontur, der Werkstückhöhe und dem Werkstückmaterial ermittelt werden muß. Die Bauchung läßt sich vergleichsweise einfach durch die Technik des Nachschneidens reduzieren.

13. LITERATUR

1 Wertheim, R. — Untersuchung der energetischen Vorgänge bei der funkenerosiven Bearbeitung als Grundlage für eine Verbesserung des Prozeßablaufs

Dissertation TH Aachen, 1975

2 XXX — Herstellerangabe
Firma E. Lienkämper GmbH, Gummersbach

3 XXX — Herstellerangabe
Metallwerk Plansee, Reutte/Tirol

4 Sass, F.
Bouché, Ch.
Leitner, A. — Dubbels Taschenbuch für den Maschinenbau Band I
Springer Verlag, Berlin/Heidelberg/New York 1966

5 XXX — Herstellerangabe
Deutsche Shell Chemie GmbH, Frankfurt/Main

6 XXX — Anlagenhandbuch für AGIECUT-DEM 15
Fa. AGIE, Losone-Locarno, Schweiz

7 XXX — Elektroerosive Bearbeitung
Definition und Terminologie
VDI-Richtlinie 3402, 1976

8 Opitz, H.
Stute, G. — Berechnung der Funkenarbeit aus den elektrischen Daten der Arbeitskreiselemente von Funkenerosionsmaschinen

Forschungsbericht des Landes NRW, Nr. 1007
Westdeutscher Verlag / Köln und Opladen

9 König, W.
Wertheim, R.
Weiß, A.
Funkenerosive Bearbeitung von Hartmetall
Forschungsbericht des Landes NRW, Nr. 2406
Westdeutscher Verlag / Köln und Opladen

10 Ganser, K.
Feinbearbeitung metallischer Werkstoffe durch funkenerosives Senken
Dissertation TH Aachen, 1961

11 Brauner, W.
Werkstoffwanderung und Werkstoffhärtung durch elektrische Entladungen
Dissertation TH Wien, 1971

12 Kracht, E.-W.
Stand der funkenerosiven Bearbeitung beim Senken, Schleifen und Schneiden
Feingerätetechnik 21 (1972) 11

13 Panschow, R.
Über die Kräfte und ihre Wirkungen beim elektroerosiven Schneiden mit Drahtelektrode
Dissertation TH Hannover, 1974

14 Schmidt-Ott, N.
Technik des funkenerosiven Drahtschneidens
Fertigung 4 (1970)

15 Schierholt, H.
Über den Abtragvorgang bei der funkenerosiven Bearbeitung und Forderungen an Impulsform und Regeleinrichtung der verwendeten Generatoren
Dissertation TH Aachen, 1964

16 Bošnjaković — Technische Thermodynamik
Verlag Theodor Steinkopff,
Dresden 1967

17 Panschow, R. — Kraftwirkungen beim funkenerosiven Schneiden
VDI-Z., 118 (1976) 1, S. 13-17

18 Kracht, E.-W. — Grundlagen der funkenerosiven Mehrkanalbearbeitung
Dissertation TH Aachen, 1970

19 Schumacher, B. — Das Leistungsverhalten und der Werkzeugverschleiß bei der funkenerosiven Bearbeitung von Stahl mit Speicher- und Impulsgeneratoren
Dissertation TH Aachen, 1966

20 Wagner, C. — Theorie und Experiment in der elektrochemischen Verfahrenstechnik
Zeitschrift f. techn. Chemie, Verfahrenstechnik und Apparatewesen 32 (1960) 1, S. 1-7

21 Barz, E. — Strategien für die selbsttätige Optimierung des funkenerosiven Senkens
Dissertation TH Aachen, 1976

22 Wertheim, R.
Weiß, A. — Die Erodierbarkeit schwerzerspanbarer Werkstoffe
3. Arbeitstagung des Arbeitskreises "Schwerzerspanbare Werkstoffe", WZL, TH Aachen, Januar 1974

23 Wertheim, R.
Weiß, A.
Jutzler, W.-I.

Funkenerosives Senken und Schneiden schwerzerspanbarer Werkstoffe
4. Arbeitstagung des Arbeitskreises "Schwerzerspanbare Werkstoffe", WZL, TH Aachen, Februar 1975

24 Houdremont, E.

Handbuch der Sonderstahlkunde
Dritte verbesserte Auflage,
Bd. 1 und 2

25 Schumacher, B.

Bahngesteuertes funkenerosives Schneiden mit Drahtelektroden - Technologie und Anwendung
Werkstatt und Betrieb, 108 (1975) 8, S. 499-505

26 Jutzler, W.-I.
Weiß, A.

Funkenerosive Bearbeitung schwerzerspanbarer Werkstoffe
5. Arbeitstagung des Arbeitskreises "Schwerzerspanbare Werkstoffe", WZL, TH Aachen, Februar 1976

27 Jutzler, W.-I.
Weiß, A.

Funkenerosive Bearbeitung schwerzerspanbarer Werkstoffe
6. Arbeitstagung des Arbeitskreises "Schwerzerspanbare Werkstoffe", WZL, TH Aachen, Februar 1977

28 XXX

Maschinenprospekt F40-DNC
Firma Charmilles, Genf, Schweiz

29 Kinoshita, N.
Fukui, M.
Shichida, H.
Gamo, G.

Study on E.D.M. with Wire Electrode, Gap Phenomena
Annals of the CIRP, 25 (1976) 1, S. 141-145

30 Smavitskii, B.I. — Features of the Electric Spark Processing in Water of Several Electrially Conductive Materials
Elektronnaja Obrabotka Materialov No. 3 pp 12-20, May-June 1967

31 Zolotych, B.N. — Über die physikalischen Grundlagen der elektroerosiven Metallbearbeitung (Teil III)
Maschinenbau und Fertigungstechnik der UdSSR 6 (1963) 6, S. 281 ff

32 König, W.; Wertheim, R. — Das Abtragverhalten bei der funkenerosiven Bearbeitung mit Einzelentladungen
Fertigung (1974) 6, S. 207-211

33 Schrader, A.; Rose, A. — De Ferri Metallographica II
Verlag Stahleisen mbH, Düsseldorf

34 Müller, K.G.; Förster, K.; Rühling, R. — Unveröffentlichter Vortrag anläßlich der Tagung "Funkenerosives Schneiden"
Haus der Technik, Essen, 13.10.1977

35 Degenhardt, H. — Elektrochemische Senkbarkeit metallischer Werkstoffe
Dissertation TH Aachen, 1972

36 Küpfmüller, K. — Einführung in die theoretische Elektrotechnik
Springer Verlag, Berlin/Heidelberg/New York, 1968

37 Schumacher, B. — Funkenerosives Schneiden mit Drahtelektrode
Maschinenmarkt, Würzburg, 76 (1970) 36, S. 778-782

38 Becker, E. Technische Strömungslehre
Verlag B.G. Teubner, Stuttgart, 1969

39 Autorenkollektiv Technische Formeln
VEB-Fachbuchverlag, Leipzig 1968

40 Kurr, R. Grundlagen zur selbsttätigen Optimierung des funkenerosiven Senkens
Dissertation TH Aachen, 1972

41 Poerschke, K. Über die Funkenerosion mit gesteuerten Generatoren
Dissertation TH Aachen, 1964

42 Weigand, W. Thyristorgesteuerte Impulsgeneratoren und Probleme der Vorschubregelung bei der elektroerosiven Bearbeitung
Dissertation TH Aachen, 1966

14. ABBILDUNGEN

Bild 1: Versuchsanlage

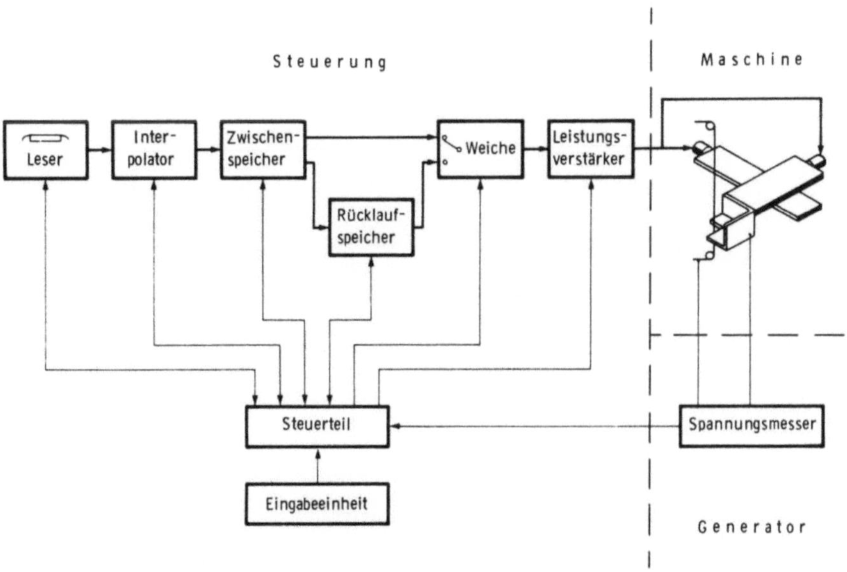

Bild 2: Datenfluß der 2-Achsen Bahnsteuerung /6/

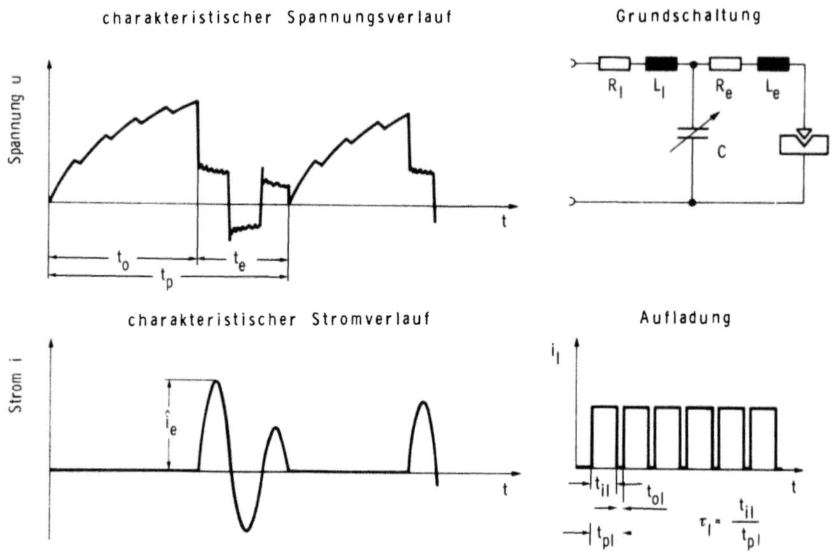

Bild 3: Charakteristischer Strom- und Spannungsverlauf am Arbeitsspalt, Generator und Aufladung (schematisch)

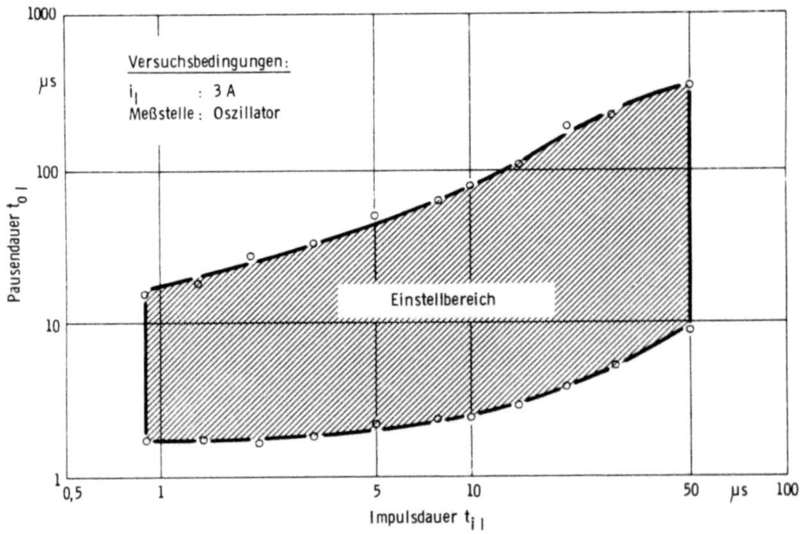

Bild 4: Einstellbereich der Pausendauer und der Impulsdauer der Ladestromimpulse

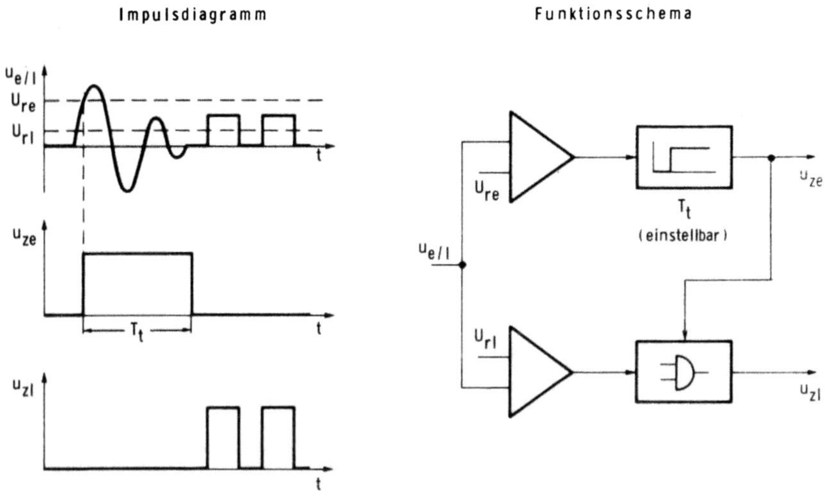

Bild 5: Impulsdiagramme und Funktionsschema der Sensoren zur Erfassung der Entladefrequenz und der Frequenz der auf den Arbeitsspalt durchschlagenden Ladeimpulse

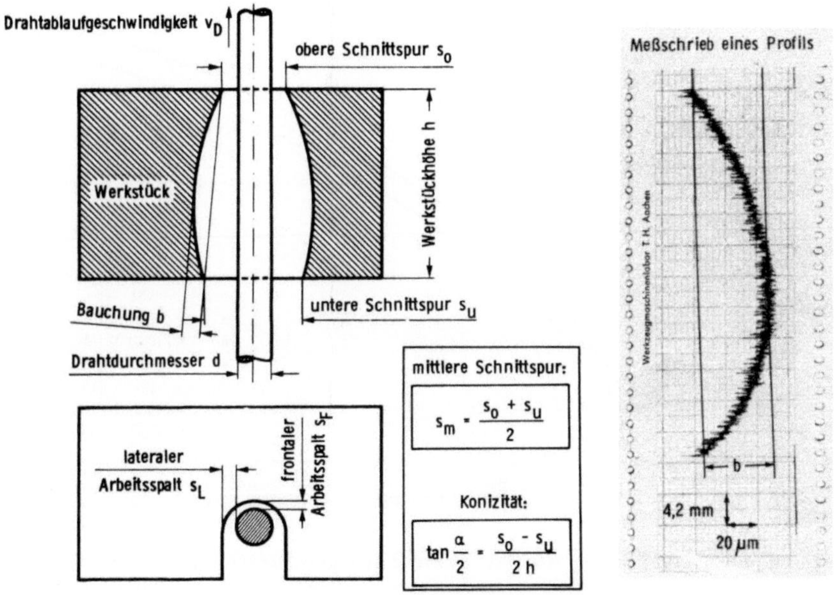

Bild 6: Geometrie der Schnittspur beim funkenerosiven Schneiden (schematisch)

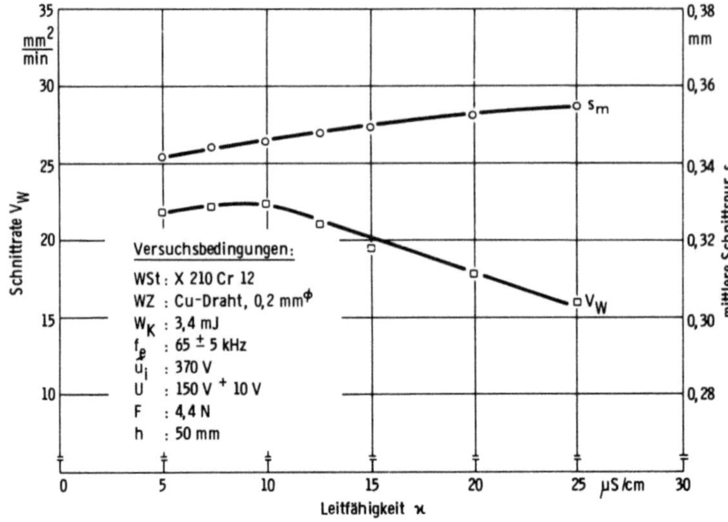

<u>Bild 7</u>: Schnittrate und Schnittspur als Funktion der Leitfähigkeit des Arbeitsmediums

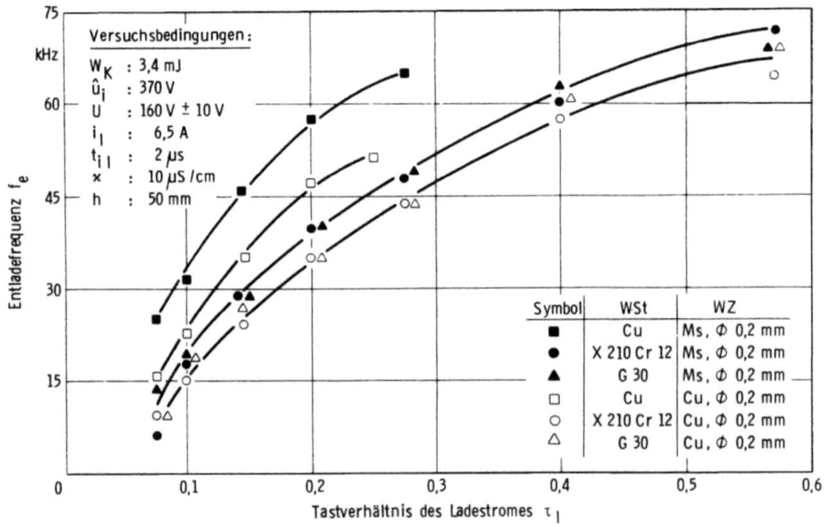

<u>Bild 8</u>: Einflüsse auf die Entladefrequenz

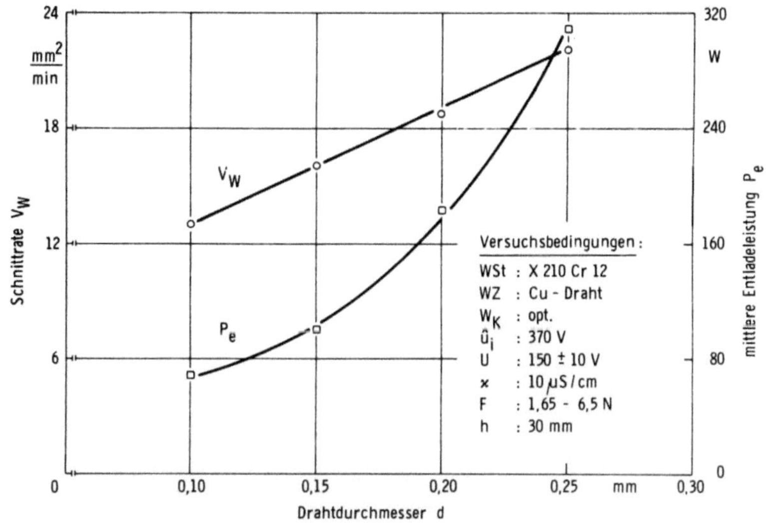

Bild 9: Drahtbelastbarkeit und erzielbare Schnittrate in Abhängigkeit vom gewählten Drahtdurchmesser

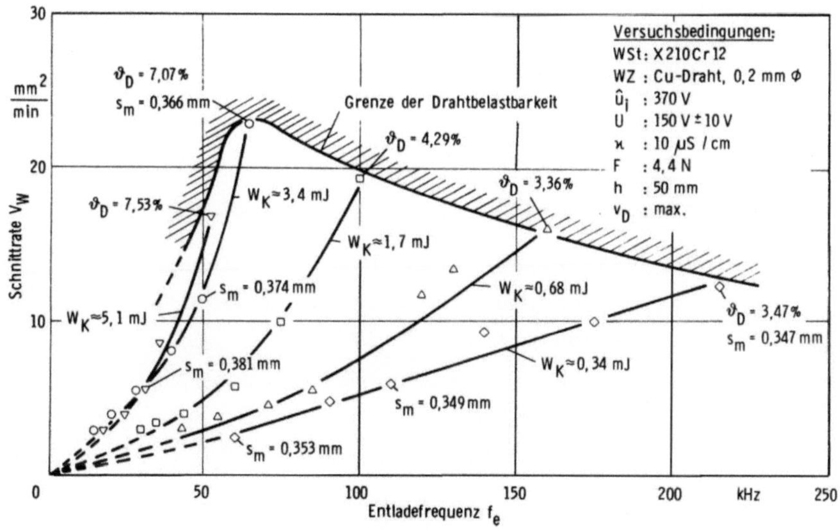

Bild 10: Schnittrate als Funktion der Entladefrequenz mit der Speicherenergie als Parameter

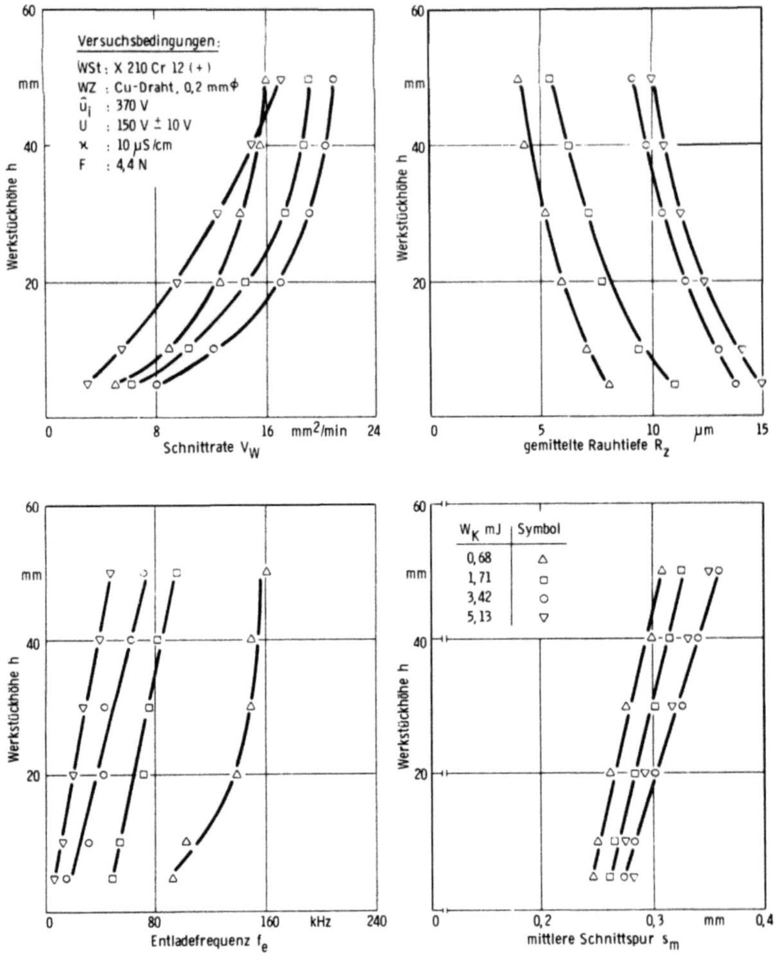

Bild 11: Technologische Kenngrößen beim funkenerosiven Schneiden am Beispiel des Kaltarbeitsstahls X 210 Cr 12

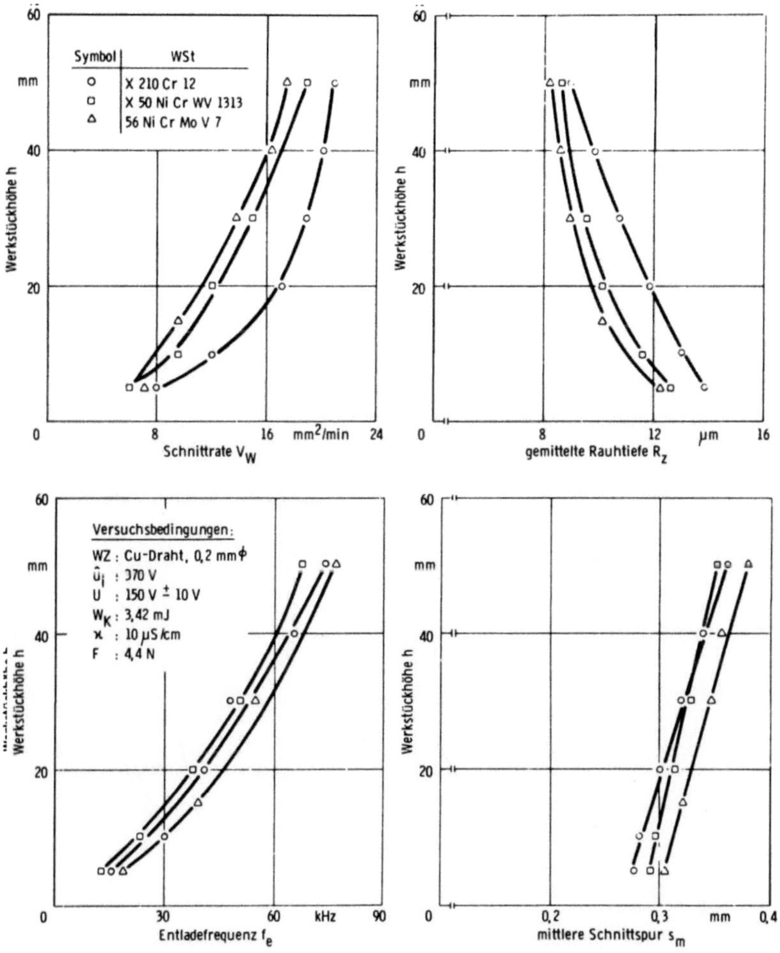

Bild 12: Das Leistungsverhalten beim funkenerosiven Schneiden verschiedener Stähle

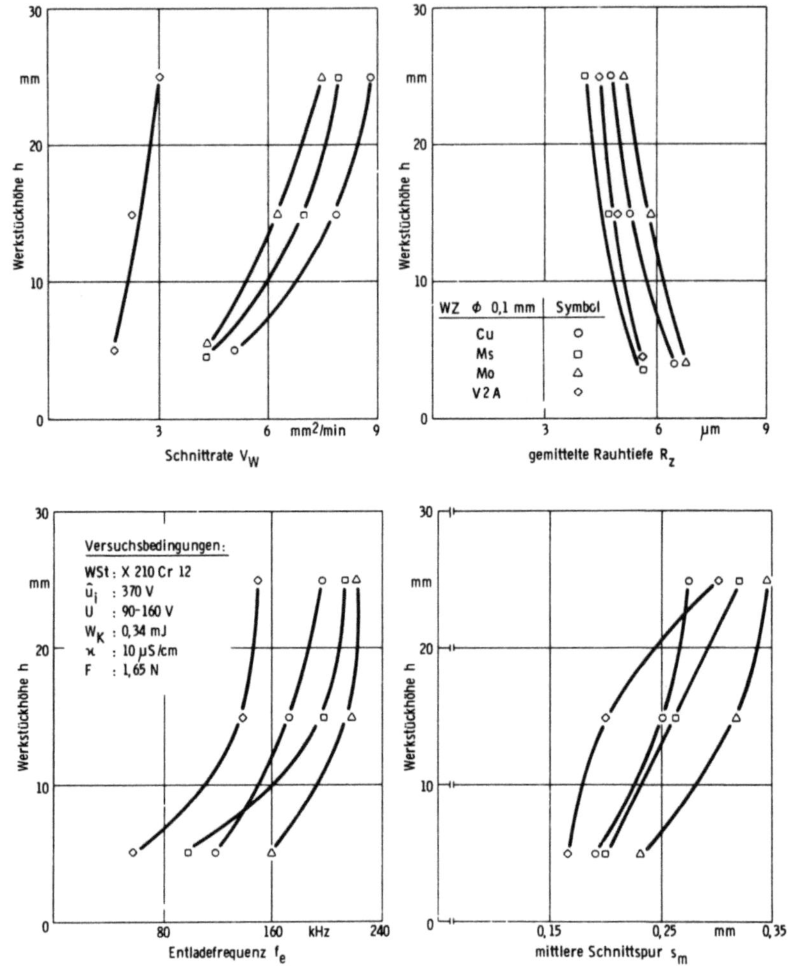

Bild 13: **Technologische Kenngrößen beim funkenerosiven Schneiden von X 210 Cr 12 mit verschiedenen Drahtwerkstoffen**

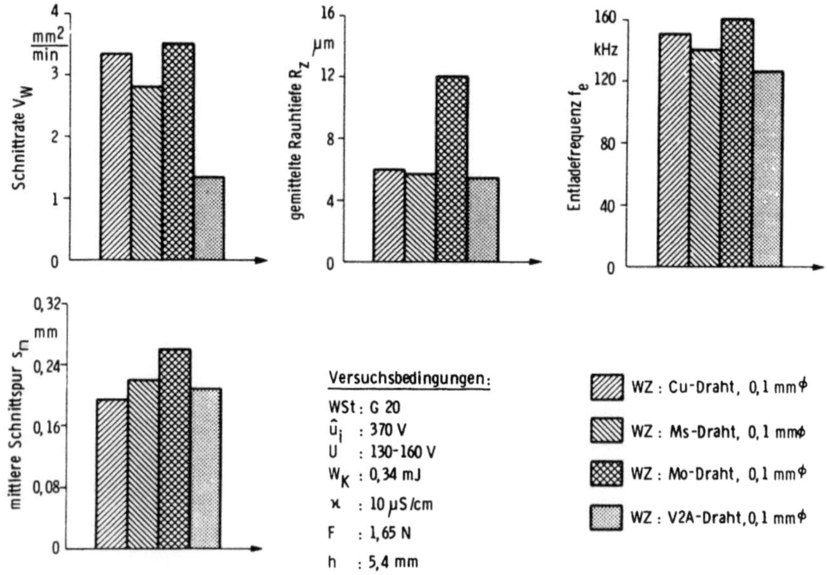

Bild 14: Technologische Kenngrößen beim funkenerosiven Schneiden von Hartmetall der Sorte G 20 mit verschiedenen Drahtwerkstoffen

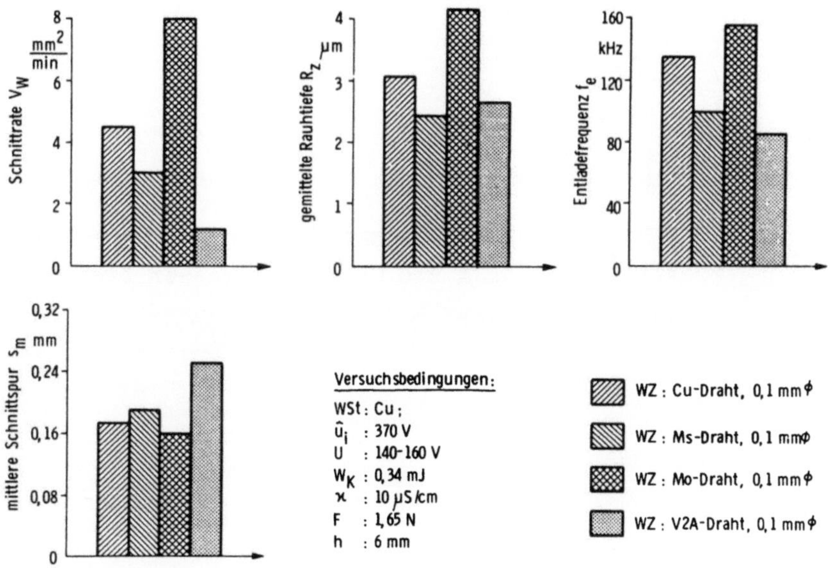

Bild 15: Technologische Kenngrößen beim funkenerosiven Schneiden von Kupfer mit verschiedenen Drahtwerkstoffen

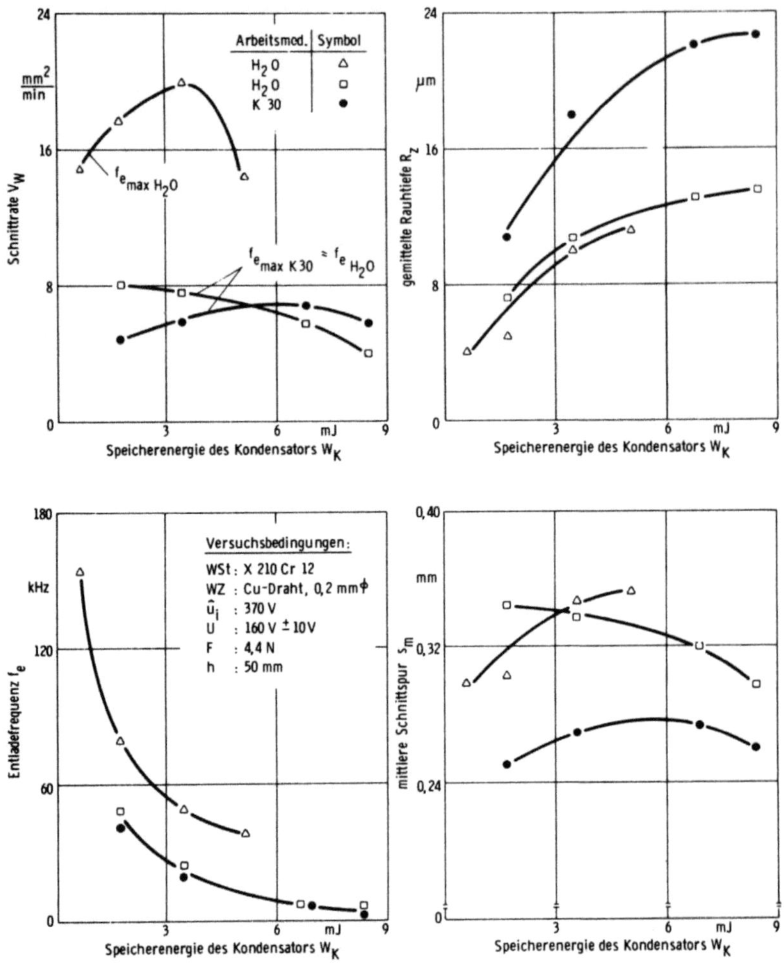

Bild 16: Leistungskenngrößen beim funkenerosiven Schneiden von X 210 Cr 12 mit Wasser bzw. mit Dielektrikum K 30 als Arbeitsmedium

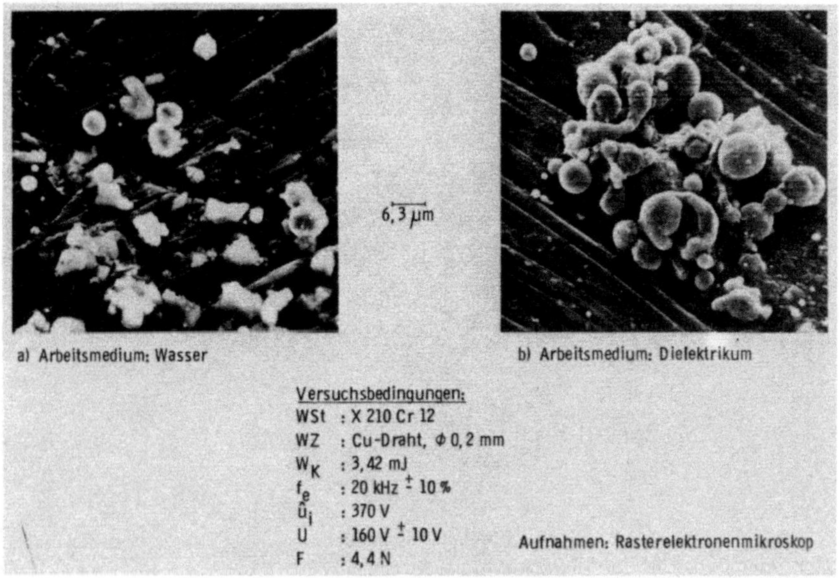

Bild 17: Abtragprodukte bei der Verwendung von Wasser und Dielektrikum K 30 als Arbeitsmedium

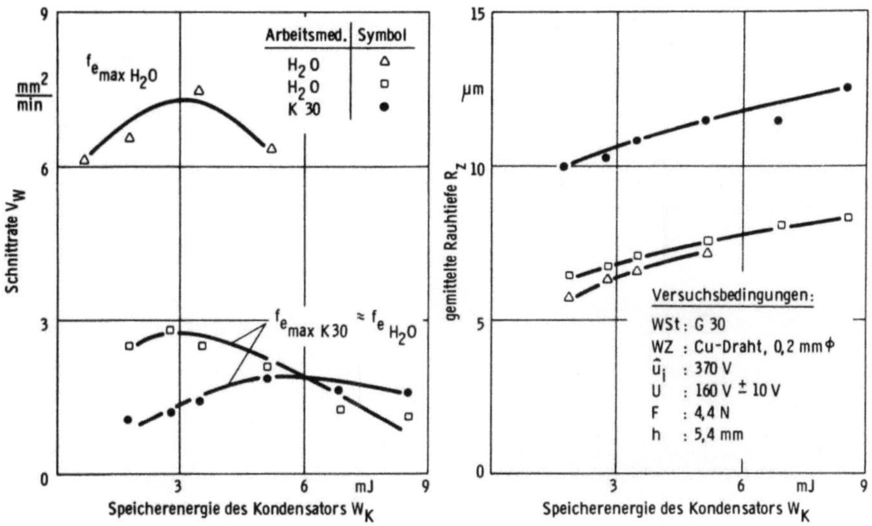

Bild 18: Leistungskenngrößen beim funkenerosiven Schneiden von Hartmetall der Sorte G 30 mit Wasser bzw. mit Dielektrikum K 30 als Arbeitsmedium

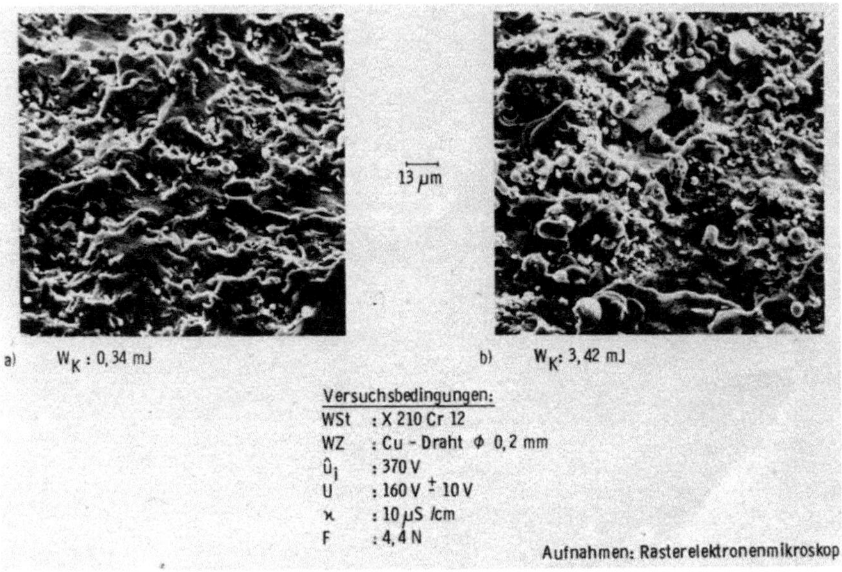

Bild 19: Oberflächengestalt funkenerosiv geschnittener Proben des Kaltarbeitsstahls X 210 Cr 12

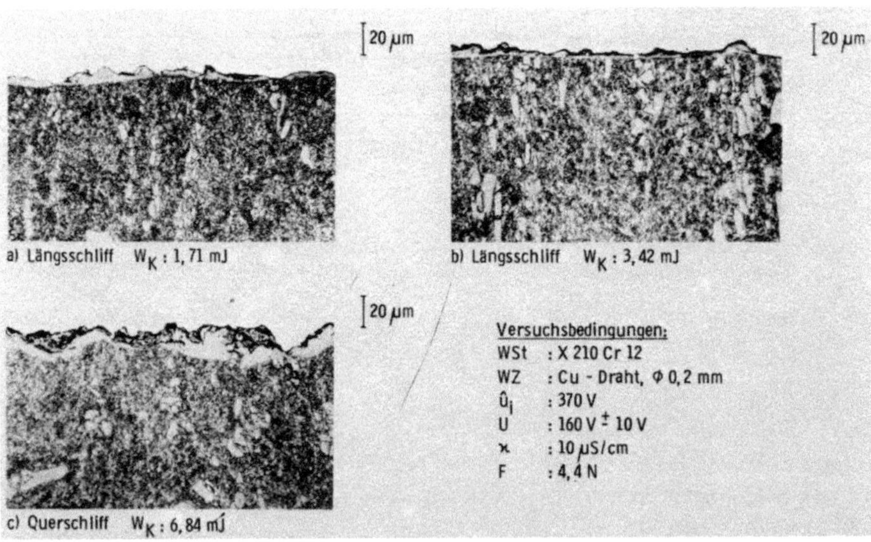

Bild 20: Randzone und Gefügestruktur funkenerosiv geschnittener Proben aus X 210 Cr 12

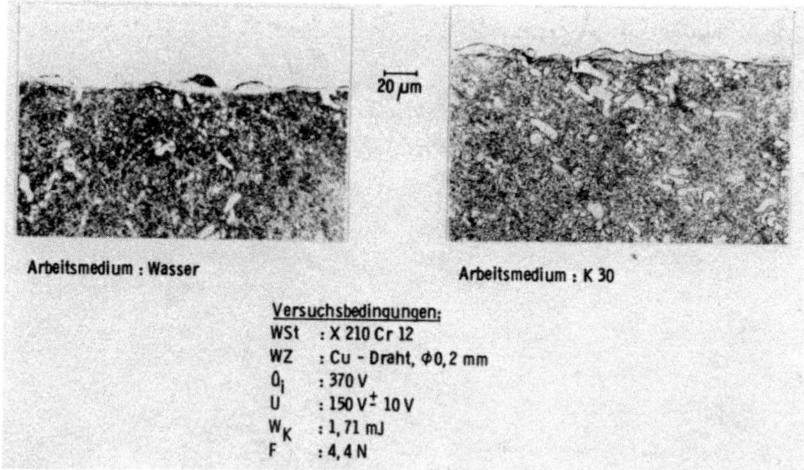

Bild 21: Randzone und Gefügestruktur beim funkenerosiven Schneiden von X 210 Cr12 mit Wasser bzw. mit Dielektrikum K 30 als Arbeitsmedium

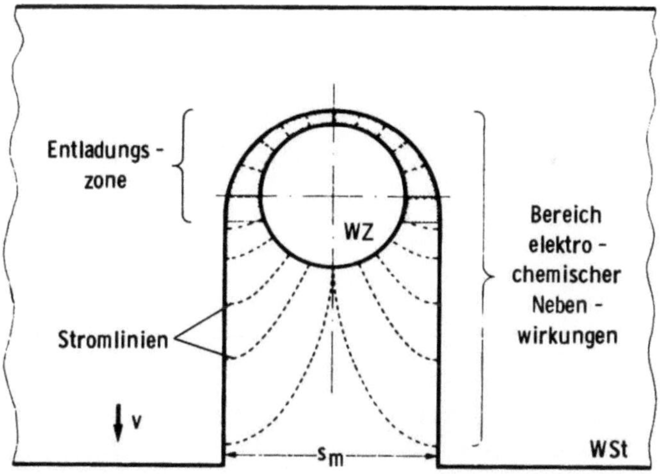

Bild 22: Entladungszone und Bereich elektrochemischer Nebenwirkungen (schematisch)

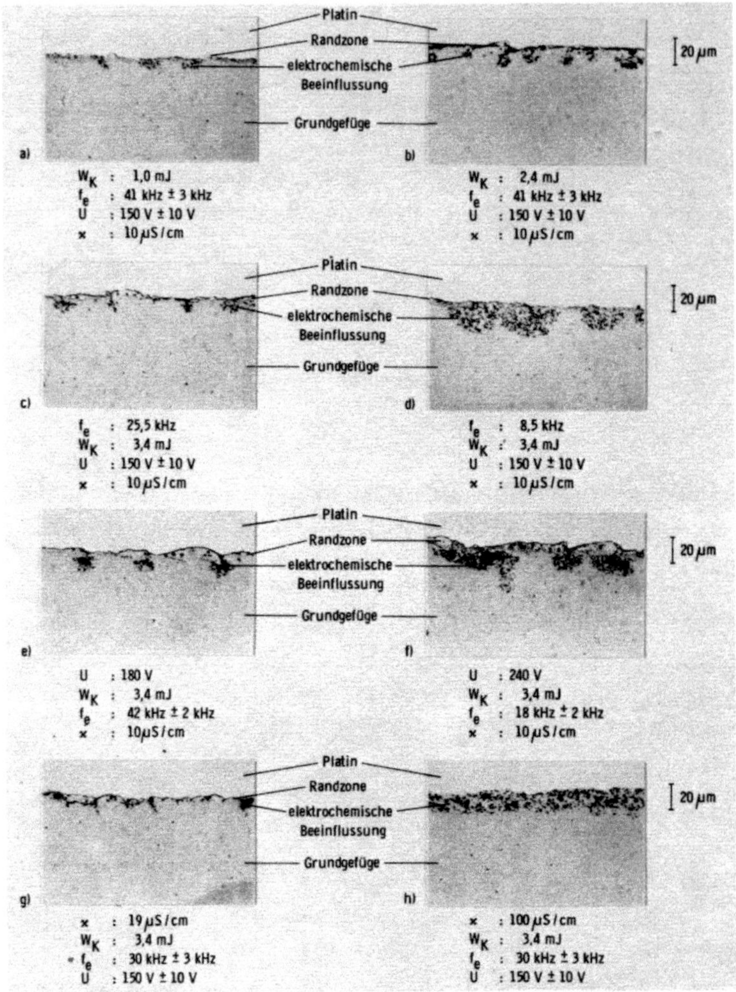

<u>Bild 23</u>: Auswirkungen der Prozeßparameter auf die elektrochemisch beeinflußte Zone beim Hartmetall der Sorte G 30

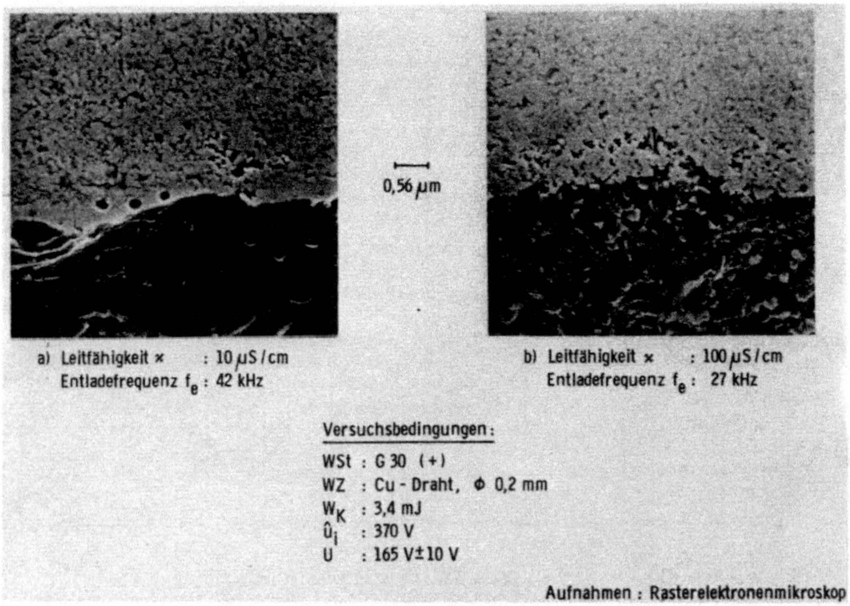

Bild 24: Oberflächenausbildung bei unterschiedlicher Leitfähigkeit des Arbeitsmediums

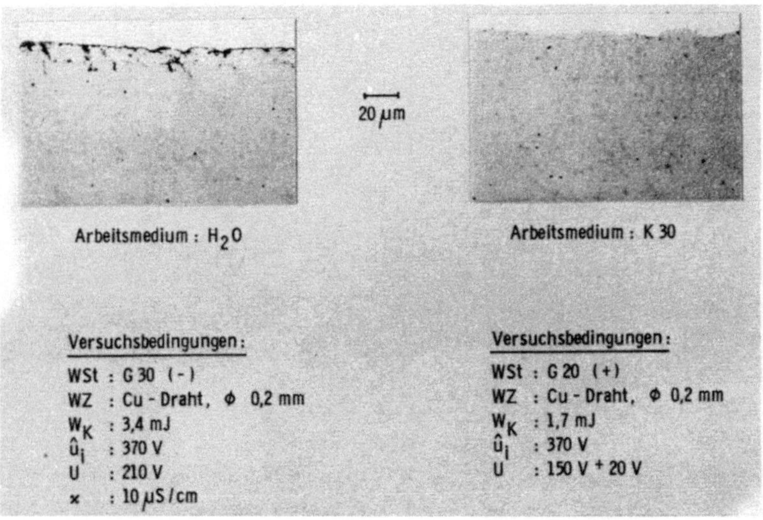

Bild 25: Oberflächenbeeinflussung funkenerosiv geschnittener Hartmetallproben bei kathodischer Werkstückpolung bzw. bei Verwendung eines Kohlenwasserstoff-Dielektrikums

Abweichungen von der Sollkontur	Benennung	Maßfehler	Formfehler	Ursache	Vermeidung / Verminderung
prozeßabhängig	Bauchung	*	*	- Drahtschwingung - Spülung - elektrochem. Nebenwirkung	optimale Einstellung von - Spülbedingungen - elektrischen Parametern
	Konizität	*	*	- Spülung - Lage des Werkstückes - Drahtverschleiß	optimale Einstellung von - Spülbedingungen - Lage des Werkstückes - Drahtablaufgeschwindigkeit
	Spurweiten-änderung	*	*	- Leitfähigkeitsschwankung - Spannungsschwankung - Spülung	- Spannungsstabilisierung - optimale Spülbedingungen
prozeßunabhängig	Positions-fehler	*		- Steigungsfehler der Spindel - Wärmeausdehnungen - Drahtauslenkung	- Ausgleich des Steigungsfehlers - klimatisierter Arbeitsraum - Erhöhung der Drahtspannung
	Lage-fehler	*	*	- Tischdurchbiegung	

Bild 26: **Fehler beim funkenerosiven Schneiden mit ablaufender Drahtelektrode**

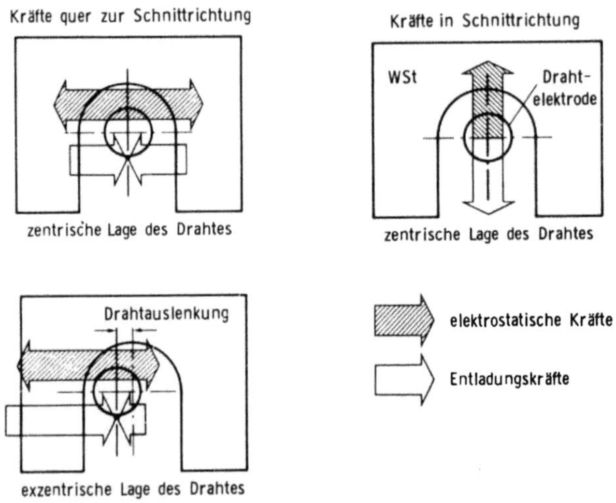

Bild 27: **Kräfte auf den Draht als Folge elektrostatischer Felder und Entladungen bei zentrischer und exzentrischer Lage des Drahtes in der Schnittspur (schematisch)**

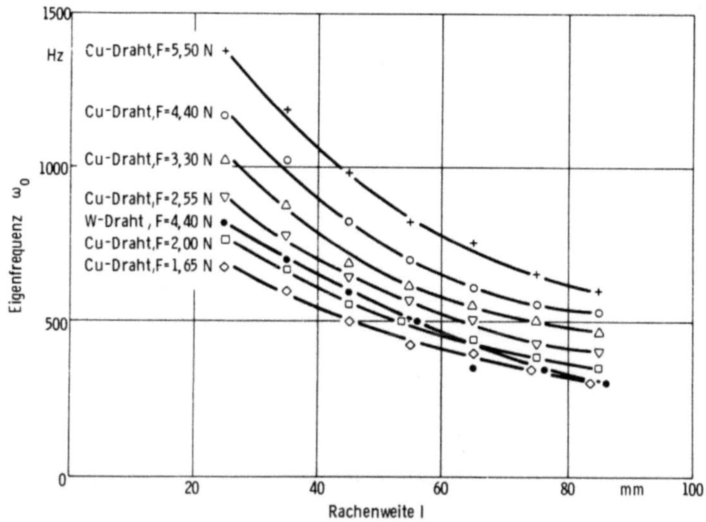

Bild 28: Eigenfrequenz eingespannter Drahtelektroden in Abhängigkeit von der Rachenweite

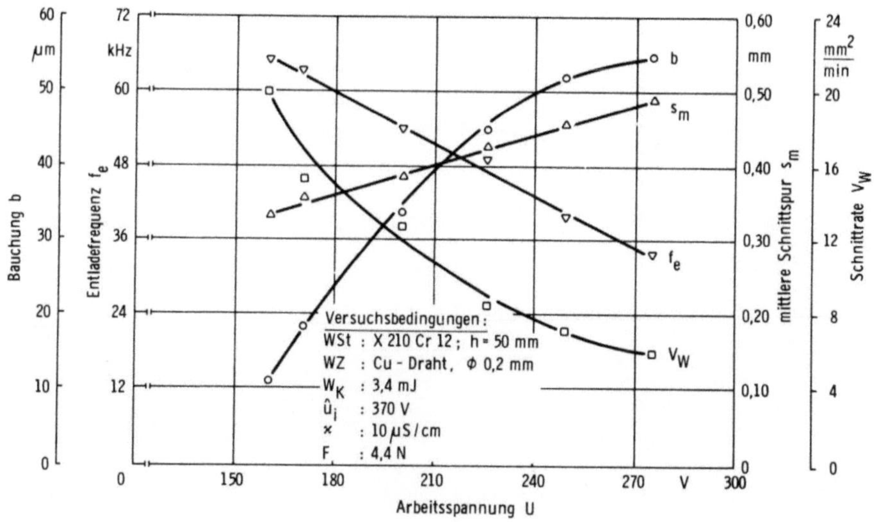

Bild 29: Bauchung, Schnittrate, Schnittspur und Entladefrequenz als Funktion der mittleren Arbeitsspannung

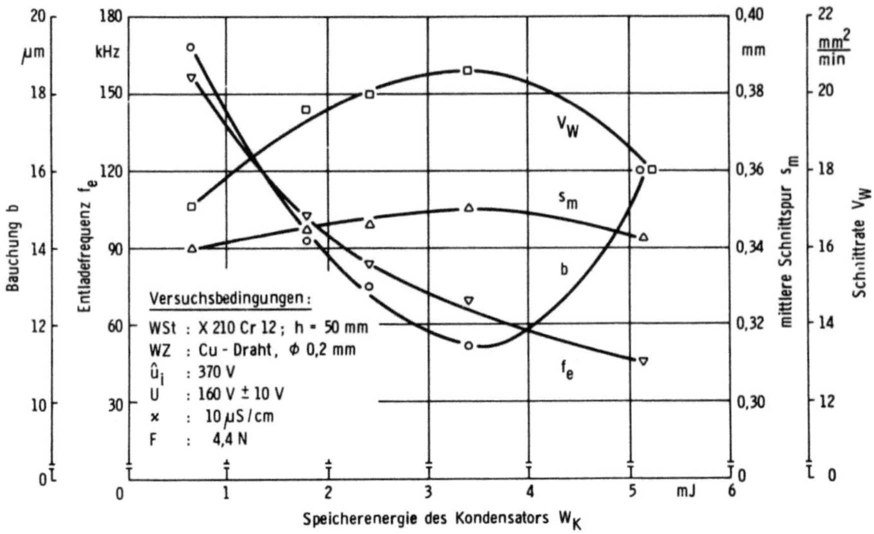

Bild 30: Bauchung, Schnittrate, Schnittspur und maximale Entladefrequenz als Funktion der Speicherenergie des Kondensators

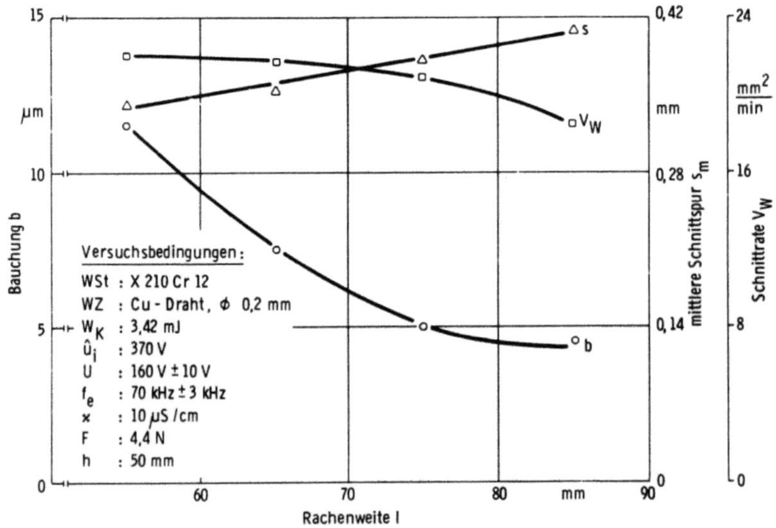

Bild 31: Bauchung, Schnittrate und Schnittspur als Funktion der Rachenweite

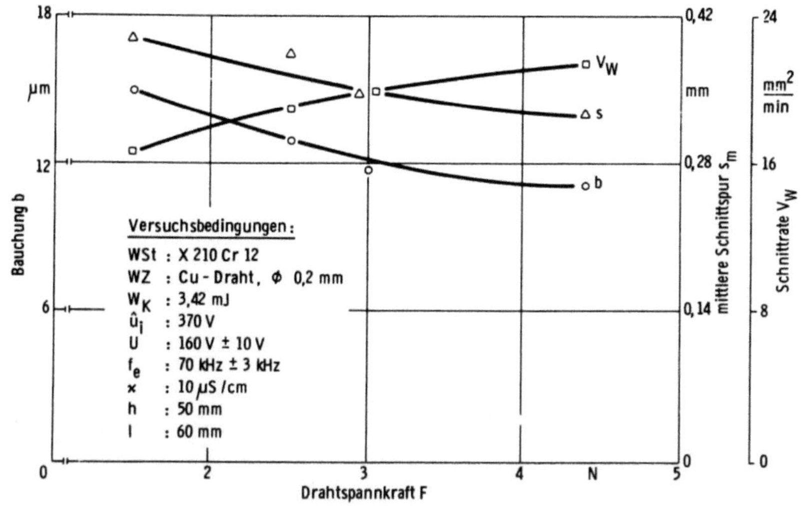

Bild 32: Bauchung, Schnittrate und Schnittspur als Funktion der Drahtspannkraft

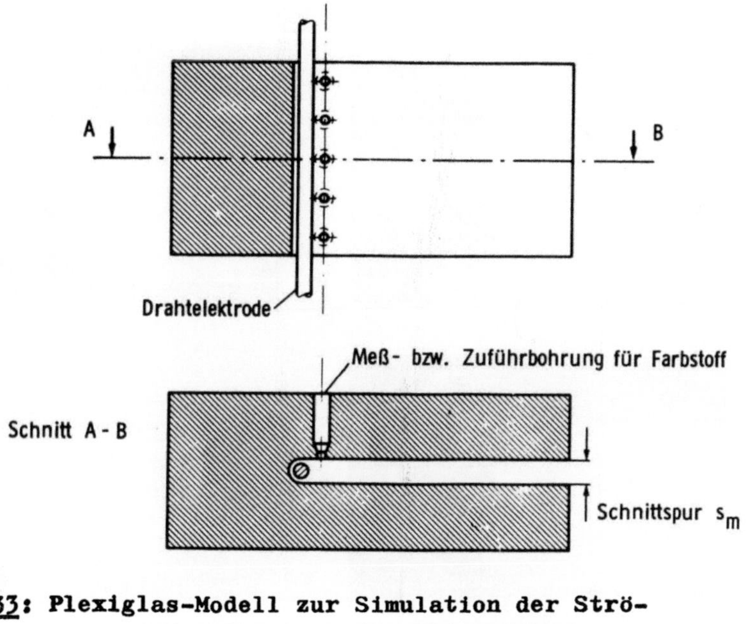

Bild 33: Plexiglas-Modell zur Simulation der Strömungsverhältnisse in der Schnittspur

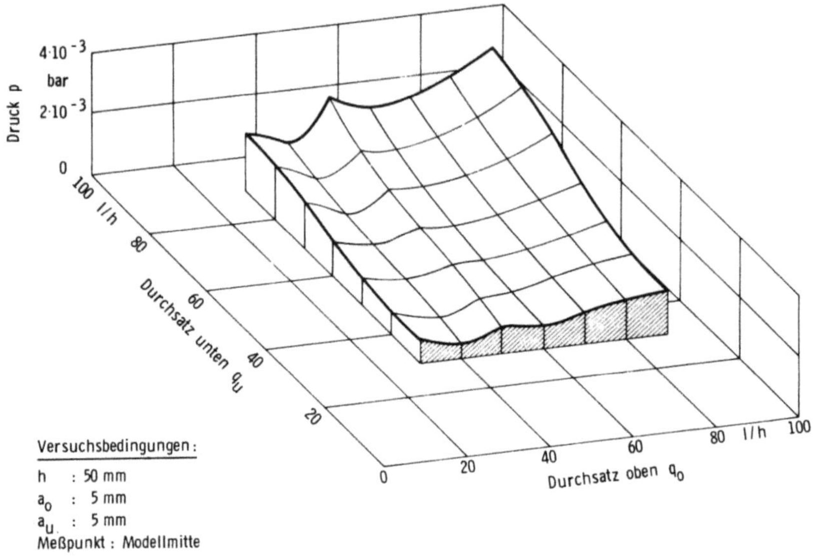

Bild 34: Druck in der Schnittspur als Funktion der Durchsätze, gemessen an einem Schnittspur-Modell

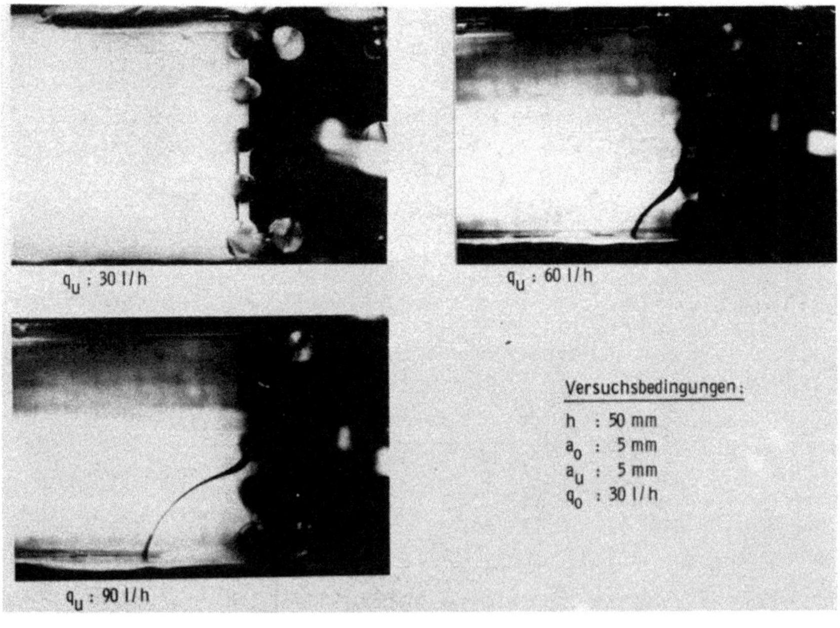

Bild 35: Ausbildung des Staupunktes bei unterschiedlichen Durchsätzen im unteren Spülstrahl

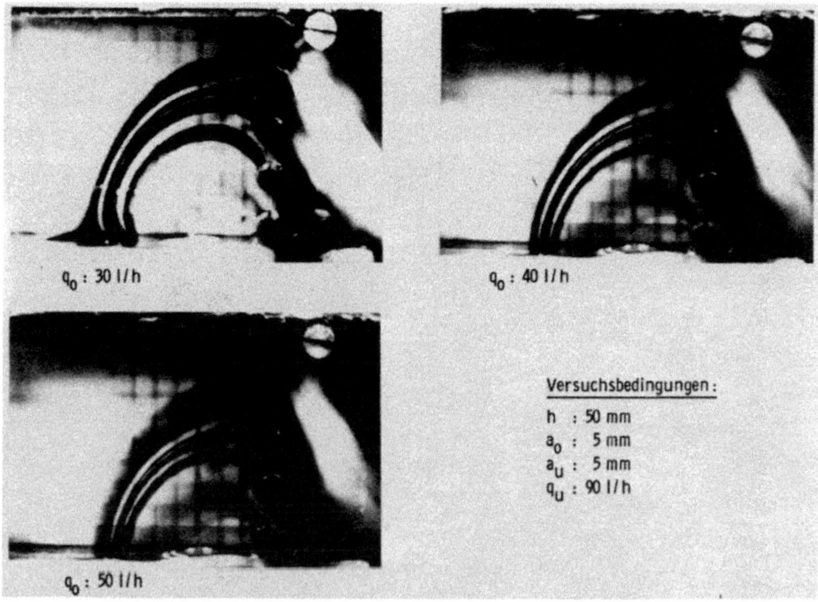

Bild 36: Charakteristische Stromlinienbilder bei unterschiedlichen Durchsätzen im oberen Spülstrahl

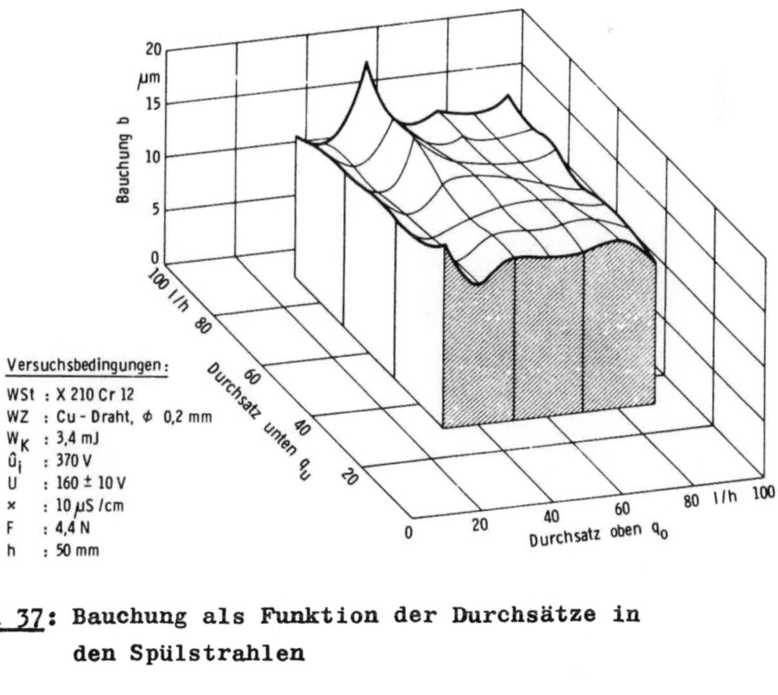

Bild 37: Bauchung als Funktion der Durchsätze in den Spülstrahlen

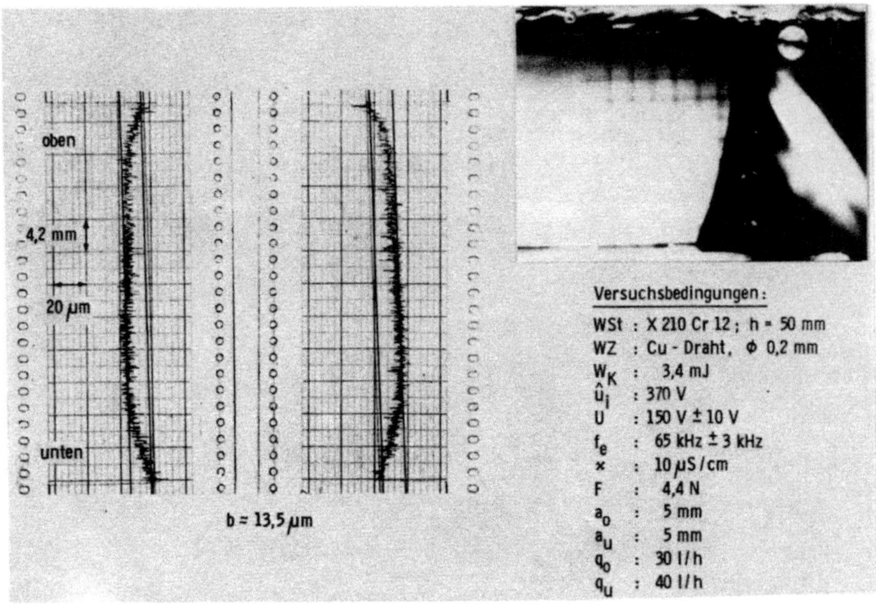

Bild 38: Profilschriebe und Stromlinienbild an einem charakteristischen Arbeitspunkt (q_o: 30 l/h; q_u: 40 l/h)

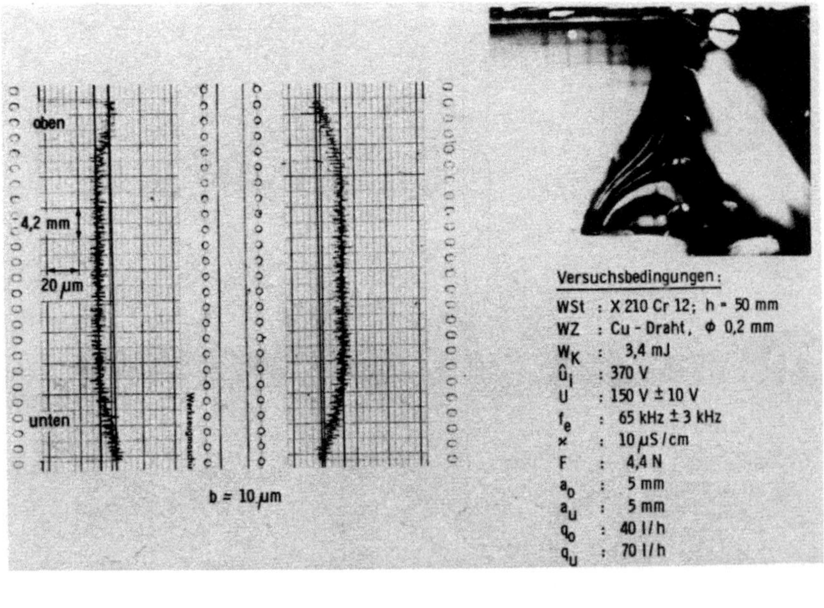

Bild 39: Profilschriebe und Stromlinienbild an einem charakteristischen Arbeitspunkt (q_o: 40 l/h; q_u: 70 l/h)

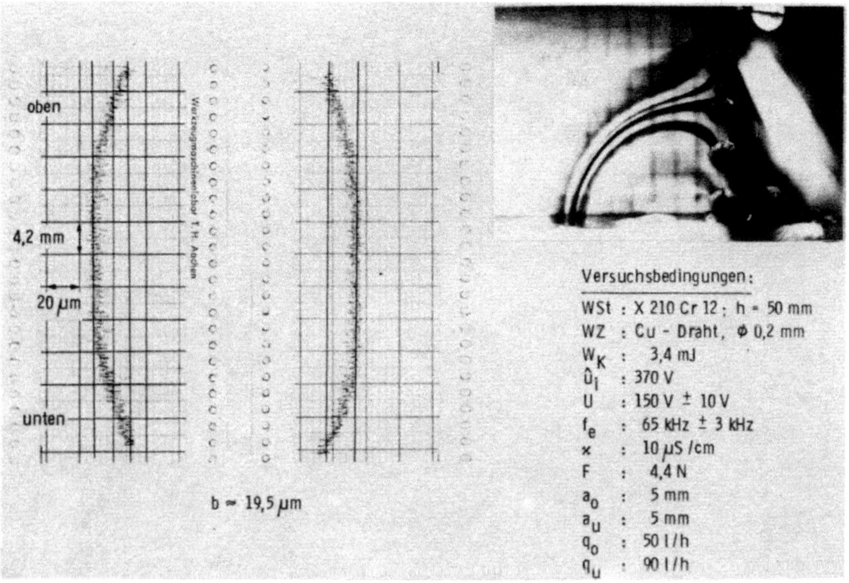

Bild 40: Profilschriebe und Stromlinienbild an einem charakteristischen Arbeitspunkt (q_o: 50 l/h; q_u: 90 l/h)

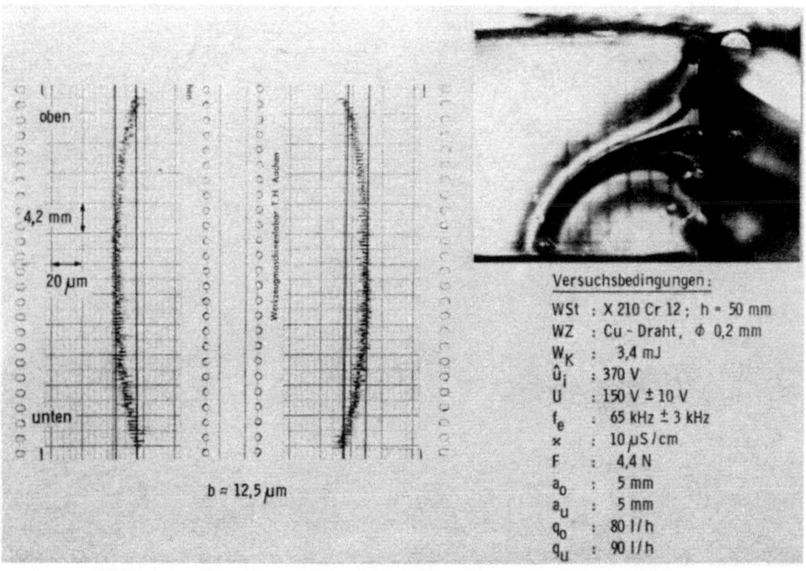

Bild 41: Profilschriebe und Stromlinienbild an einem charakteristischen Arbeitspunkt q_o: 80 l/h; q_u: 90 l/h)

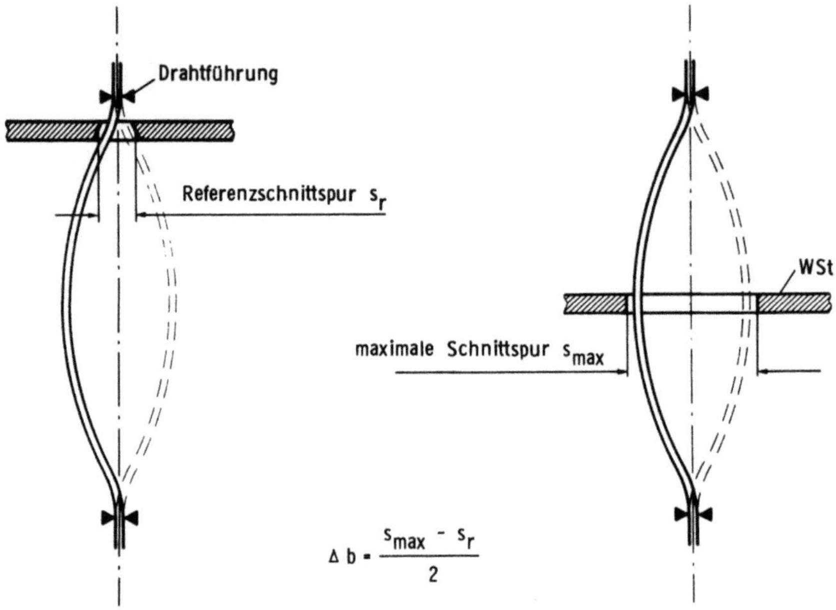

Bild 42: Indirekte Bestimmung der Drahtauslenkung

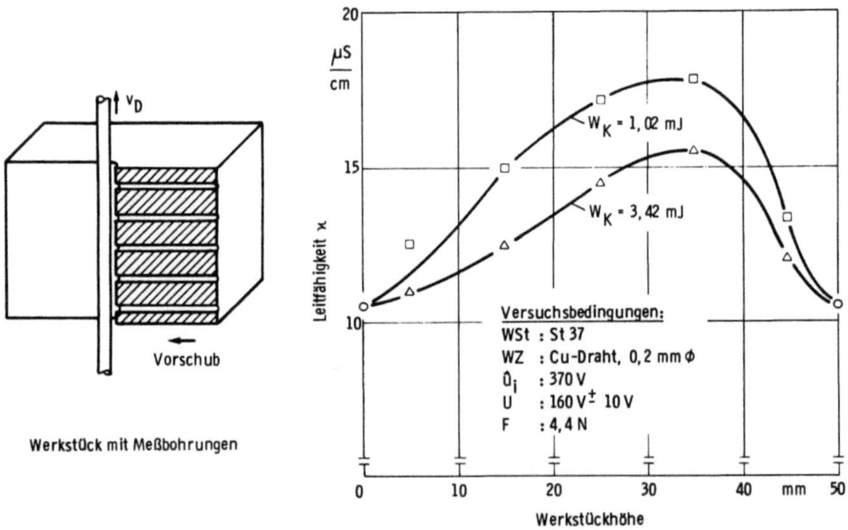

Bild 43: Meßwerkstück und Verteilung der Leitfähigkeit des Arbeitsmediums über der Werkstückhöhe

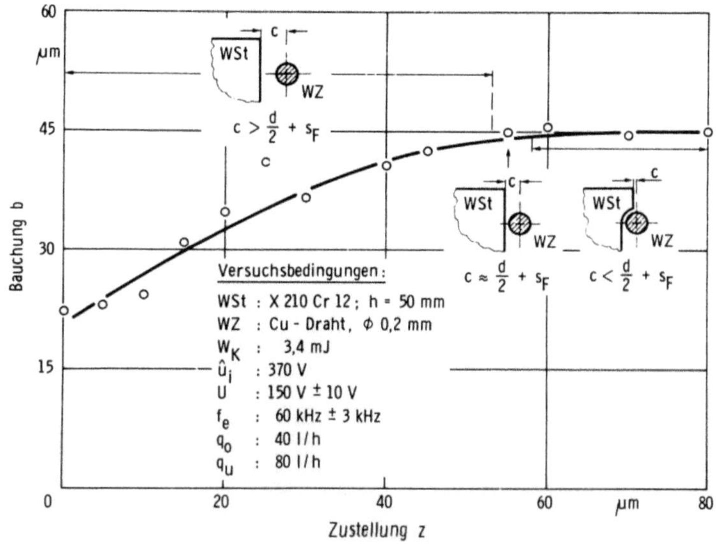

Bild 44: Die mittlere Bauchung bei verschiedenen Zustellungen und konstanten elektrischen Parametern beim Nachschneiden

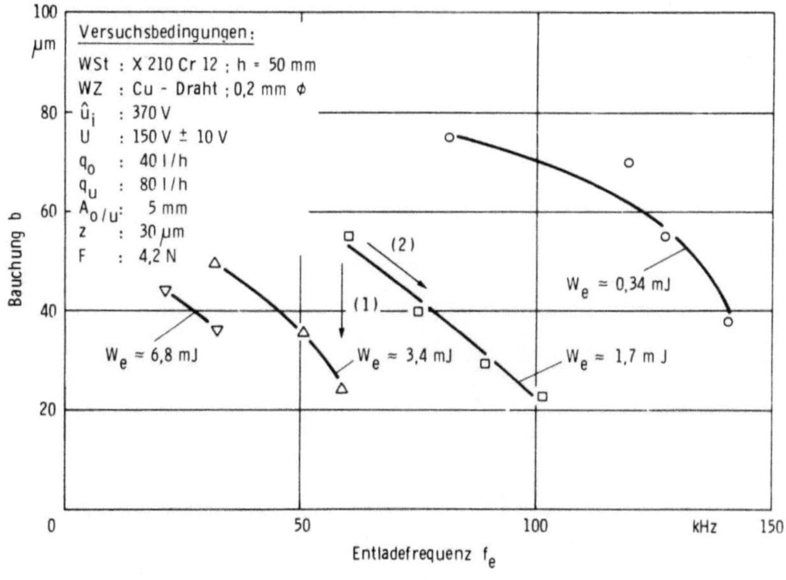

Bild 45: Einflüsse der Entladefrequenz und der Entladeenergie auf die Bauchung beim Nachschneiden hoher Werkstücke

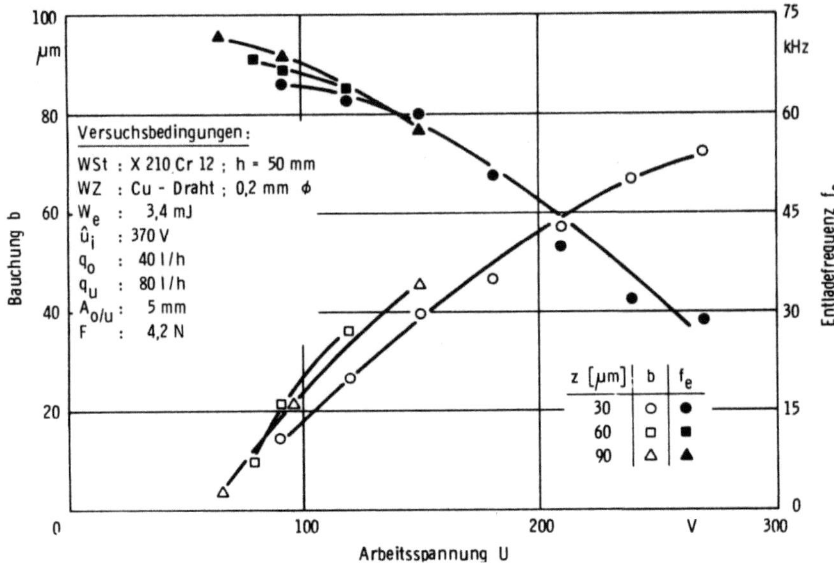

Bild 46: Einflüsse der mittleren Arbeitsspannung und der Entladefrequenz auf die Bauchung beim Nachschneiden hoher Werkstücke

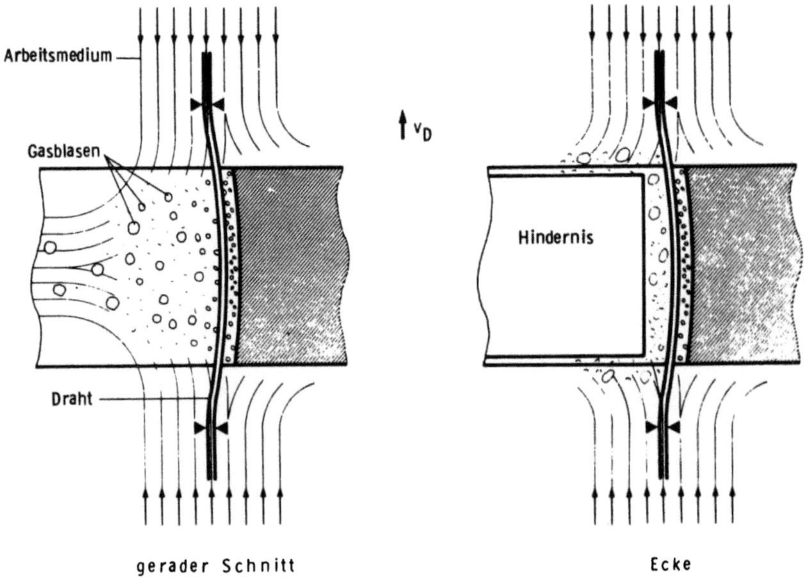

Bild 47: Schematische Darstellung der Spülverhältnisse im geraden Schnitt und nach einer Ecke

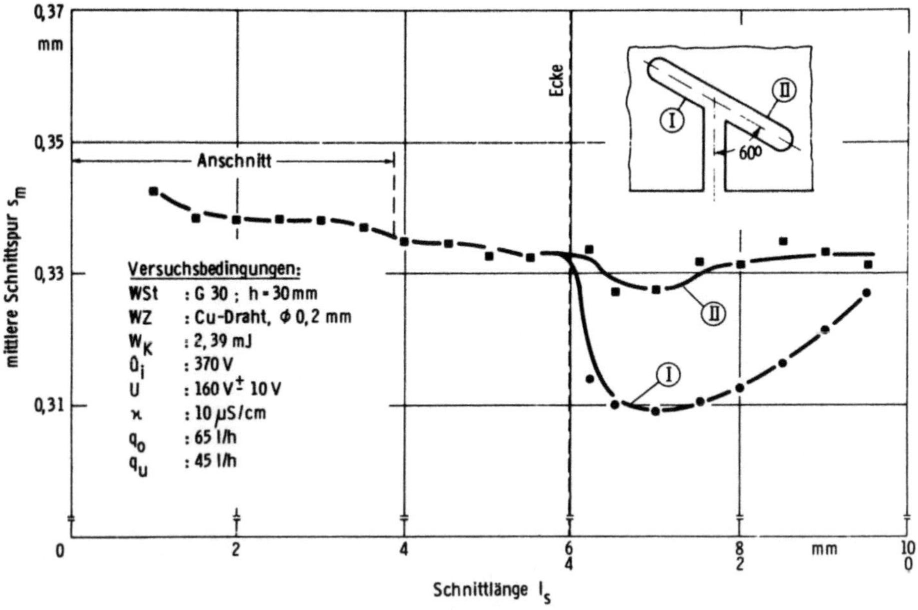

Bild 48: Einfluß der Schnittführung auf die Ausbildung der Schnittspur bei Hartmetall der Sorte G 30

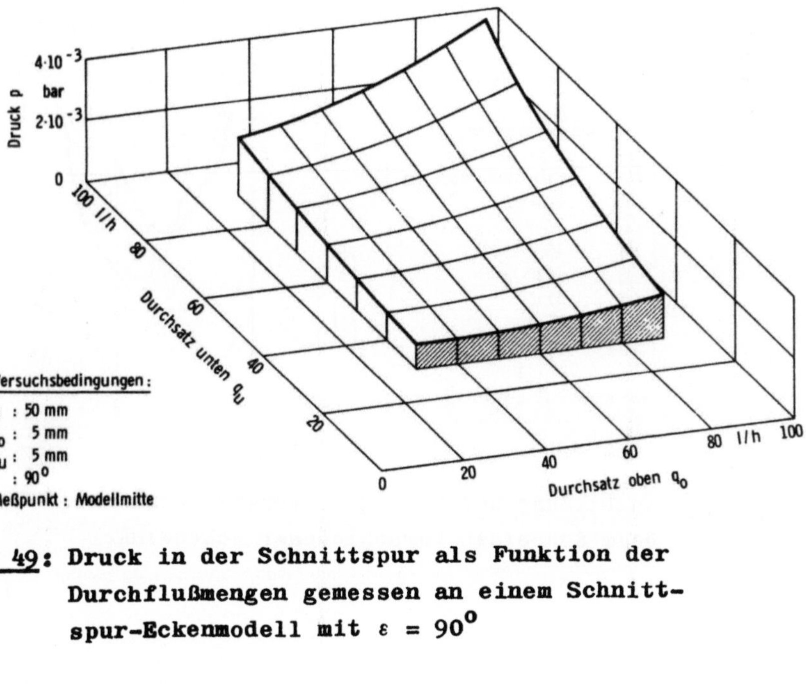

Bild 49: Druck in der Schnittspur als Funktion der Durchflußmengen gemessen an einem Schnittspur-Eckenmodell mit $\varepsilon = 90^o$

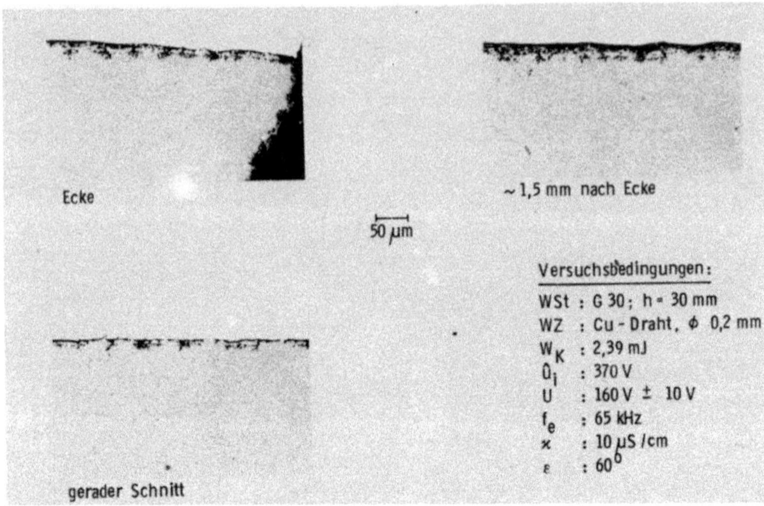

Bild 50: Oberflächenbeeinflussung funkenerosiv geschnittener Hartmetallproben im Bereich einer Ecke und im geraden Schnitt

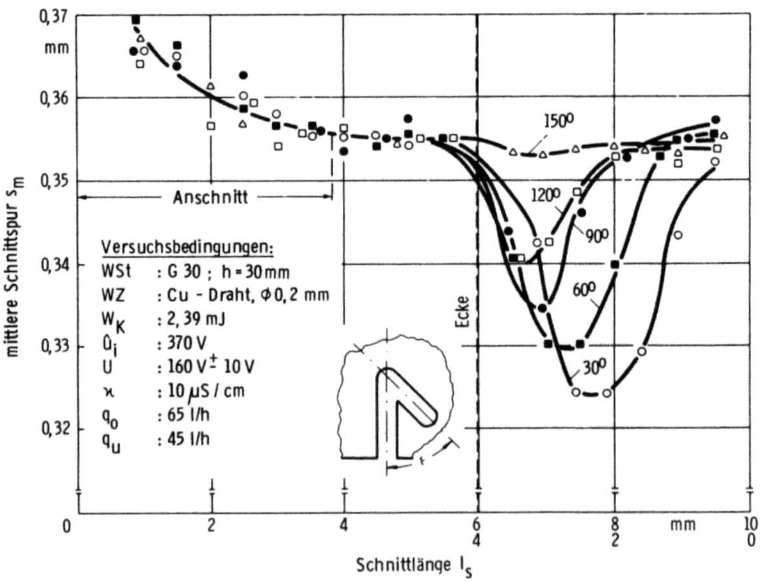

Bild 51: Ausbildung und Lage der Spurweitenänderung beim Schneiden verschiedener Eckenwinkel

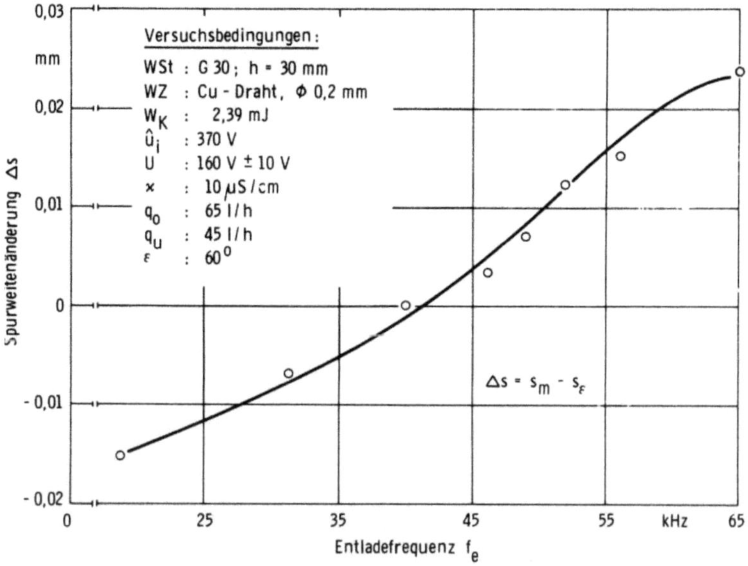

Bild 52: Einfluß der Entladefrequenz auf die Ausbildung der Spurweite nach Ecken

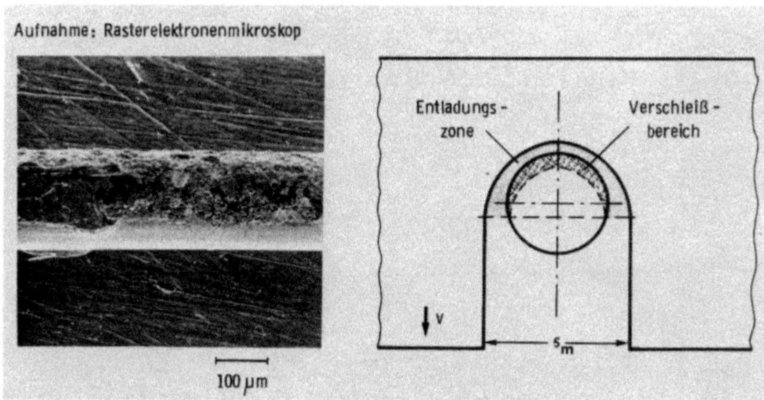

Bild 53: Schnittspur und die Verteilung des Verschleißes auf dem Drahtumfang

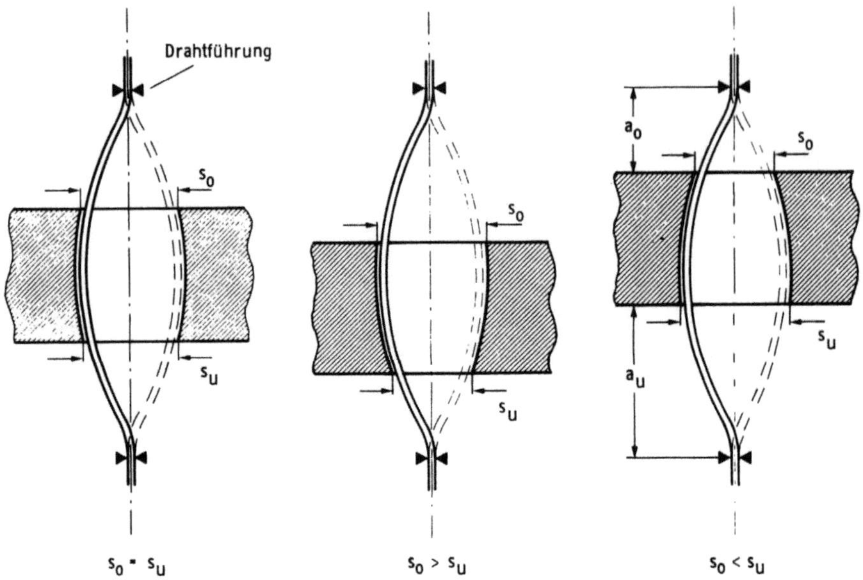

Bild 54: Ausbildung der Schnittspur in Abhängigkeit von der Lage des Werkstückes zwischen den Drahtführungsarmen (schematisch)

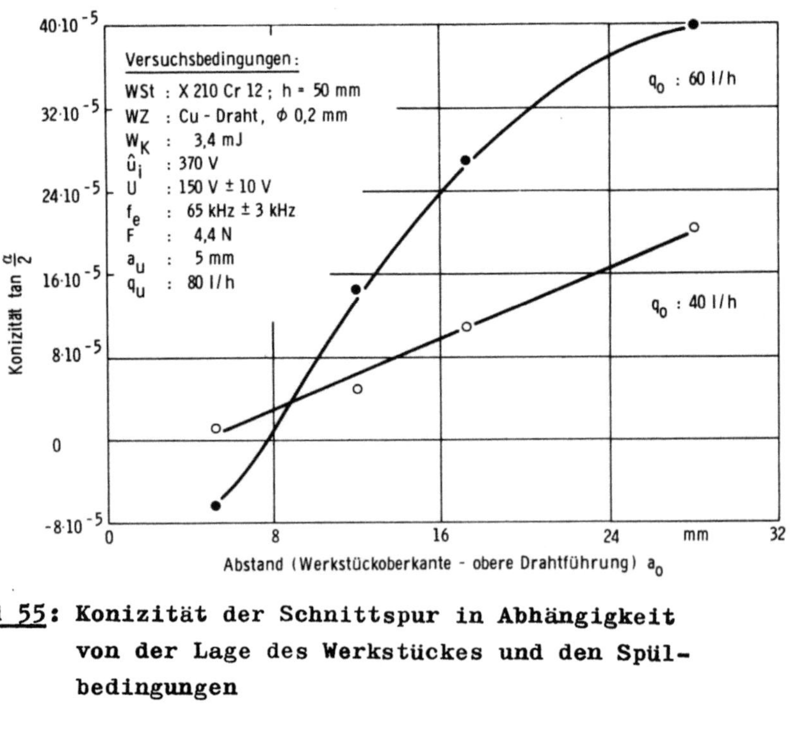

Bild 55: Konizität der Schnittspur in Abhängigkeit von der Lage des Werkstückes und den Spülbedingungen

FORSCHUNGSBERICHTE
des Landes Nordrhein-Westfalen

Herausgegeben
im Auftrage des Ministerpräsidenten Heinz Kühn
vom Minister für Wissenschaft und Forschung Johannes Rau

Die „Forschungsberichte des Landes Nordrhein-Westfalen" sind in zwölf Fachgruppen gegliedert:

Geisteswissenschaften
Wirtschafts- und Sozialwissenschaften
Mathematik / Informatik
Physik / Chemie / Biologie
Medizin
Umwelt / Verkehr
Bau / Steine / Erden
Bergbau / Energie
Elektrotechnik / Optik
Maschinenbau / Verfahrenstechnik
Hüttenwesen / Werkstoffkunde
Textilforschung

WESTDEUTSCHER VERLAG
5090 Leverkusen 3 · Postfach 300620

MIX
Papier aus verantwortungsvollen Quellen
Paper from responsible sources
FSC® C105338

If you have any concerns about our products,
you can contact us on
ProductSafety@springernature.com

In case Publisher is established outside the EU,
the EU authorized representative is:
Springer Nature Customer Service Center GmbH
Europaplatz 3, 69115 Heidelberg, Germany

Printed by Libri Plureos GmbH
in Hamburg, Germany